# 機會成本

**迎戰超競爭時代的高績效解方**
掌握「看不見的」風險與可能性！
日本頂尖商學院熱門必修，
**實用度×含金量**最高的MBA決策指南

機会損失
「見えない」リスクと可能性

**清水勝彥** Katsuhiko Shimizu
劉格安 譯

目錄

PART II

# 決策過程的機會成本

要戰勝凡事都想計畫的誘惑

Chapter 4

## 團體共識與機會成本

PART III

# 決策後悔的機會成本

## 不斷追求完美只會愈來愈不安

Chapter 12

# 如何應付機會成本3——執行

305

前言

# 機會成本的重要性，更具策略性的決策與行動

在〈銀斑駒〉（Silver Blaze）一案中，大名鼎鼎的福爾摩斯因為注意到「看門狗沒有吠叫」這件「沒發生的事情」，而非「發生的事情」，案件才水落石出。

理所當然的是，世上除了發生的事情之外，還有無數沒發生的事情，而一般人也不會思考那麼多，於是這中間就會產生「盲點」。可見福爾摩斯的洞察力不會只受限於「看得見」的證據，連「看不見」的重點乃至案件全貌，可能都想像得到。

真正重要的事物，很多都是眼睛看不見的。尤其有些時候，「做某件事情」的成本與報酬雖然清晰可見，但因此而看不見的部分，也就是「沒做的事情」或「無法去做的事情」卻更加重要。這個，就是機會成本。

機會成本：Opportunity cost is the net benefit lost by making a choice.[1]

一言以蔽之，機會成本即「沒能得到的利益」。舉一個簡單的例子，像是與我也切身相關的企業管理碩士（ＭＢＡ）。假設我為了取得ＭＢＡ學位而向公司辭職，以ＭＢＡ的成本效益來說，一般要討論的就是投資報酬率（Return on Investment），也就是畢業後的薪水比去ＭＢＡ之前的薪水提高多少，又為此支付了多少學費。

這筆相當於投資的ＭＢＡ學費本身當然是成本，但並不是機會成本。所謂的機會成本，指的是如果不辭職，繼續工作會得到多少收入、多少成長，還有什麼樣的機會……雖然也可能沒有。

此外，相信也有很多人還記得，日前日本總務省與消費者廳曾指導消除「零圓智慧型手機」吧？因為那是聰明人士想出來的方案，所以應該是一件好事。

不過在市場原理運作的世界，真的需要那種「上層的指導」嗎？如果由福爾摩斯來提點，他恐怕會說如此一來，「上層」就無法將稅金使用在其他更重要的事情上了。

同樣的道理也可以套用在電視上。新聞每天都在播放政治人物或演藝人員的八卦報導，而大家也收看得津津有味。當然，儘管這也牽扯到我們對政治人物究竟謀求什麼（又或者說應該謀求嗎）的問題，或是為什麼每個地方都在播放相同的新聞，但更本質性而且看不見的問題是，當那些愚昧的新聞持續播放，就無法播放其他重要的新聞了。

**機會成本的本質性問題在於「看不見」**。以結果來說，即使我們試圖去注意，也會分心在眼前的案件或計畫上，很難會意識到「如果時間沒被這起案件占用，可以做到什麼事情」，或者「有沒有其他更重要的案件」。

然而個人與企業的資源都是有限的，如果時間被優先順序較低的事情占用，對原本該做的事情投資就會減少，難免每況愈下。等事情嚴重到能夠看見真正的問題時，往往為時已晚。

關於「機會成本」這個看不見的成本，本書希望從以下四個角度去檢視。

首先，若從最基本的一點來說，就是①**與「決定本身」有關的機會成本**，也就是「假如進行A的話，就無法進行B。」尤其是經營策略中，所謂有限資源的分

---

1 Buster MBA（2014）*Opportunity cost. Brevitext*（Kindle版）。

配，亦即「不僅是清楚要做什麼，連不做什麼都要徹底釐清」這一點。反過來說，就是為了進行A而必須捨棄B的意思。

其次，在決定最初的策略時，除了有「要做什麼」的決策，也有「不做什麼」的決策，而在這些決策之中，就有**②與「決策過程」有關的機會成本**。換句話說，對於「要不要做A這件事」，假如花一個月的時間進行討論，那麼為了做這項決策，必須付出資訊收集、會議、人力的成本。如果能迅速在一週之內定案，或許就能把其餘三週用在更有效益的事情或其他案件上。

再來是**③後悔的成本**。這又分成兩種，一種是在決策之前，出於「不想後悔」或「不想做出不好的決策」的心態，在尋找各種可能性、考量多種選擇情況下發生的機會成本。（廣義來說，這也可以算是②與「決策過程」有關的機會成本之一）

當然，如果是為了做出更好的決定，從許多選項當中進行選擇並不是不好，但一直猶豫不決的話，永遠也無法做出決定。以結果而言，明明盡快決定並迅速展開行動，多少可以做出些許成果，卻因為「深思熟慮」而沒有任何行動與成果，自然會產生巨大的機會成本。

另一種「後悔的成本」是在做完決策以後，浪費時間思考「早知道就那樣做」

或「果然還是該這樣做」的機會成本。不僅結婚或買房如此，在企業策略的決策中也很常見。例如，完成了企業併購，卻遲遲不見綜效，不僅第一線怨聲載道，連投資者與大眾媒體也異口同聲地說併購失敗，怎麼辦？該繼續進行，還是放棄比較好……？這種就是「舉棋不定」造成資源浪費或分散的成本。

最後一項必須思考的是④**「機會成本」最小化**，也就是排定優先順序。再強調一次，無論是人、組織或大眾媒體，都很容易把注意力擺在「看得見」且「醒目」的事物上。因此，一旦有選項提供出來，大家往往會認為沒有其他選擇，或是忘記機會成本的概念，一股腦地將資源投入優先順序雖低，卻引人注目的案件上。

尤其有一點要注意的是，經營者所造成的機會成本會牽涉到整間公司，而不是只有自己而已。這並不像在併購策略中，如果收購A公司就無法收購其他家公司的問題那麼簡單，所有的決定、選擇、行動，都會向員工乃至顧客、投資者、交易對象發出「敝公司採取此方向」或「這個很重要，但那個不重要」等信號。高層一句無心的話，員工聽了有時會納悶「怎麼跟開會時說的不一樣」，擴大「舉棋不定」的幅度，有時則會體察到上層的用心，認為「既然你都這麼說了」而重新振作精神。

請思考一下前述的電視例子，假如在其他電視台成天報導八卦新聞時，有一家電視台卻報導了日本高齡化的問題呢？雖然會有無法播放八卦新聞（以結果來說，或許會流失百分之幾的收視率）的機會成本，但同時也會清楚傳達出「本台採取這樣的方針」或「本台與他台不同」的信號。

倘若能藉此贏得好評，即使機會成本從廣義來看可能是種損失，但藉由捨棄當前最具話題性的新聞，或許以長遠的眼光來看，可以說是贏得重要的評價。依我個人的意見，這才是堪稱**策略性**的部分。因為「不入虎穴，焉得虎子」或「有捨才有得」，才是策略的本質，詳細留待後述。

總而言之，**所謂的思考機會成本，其實就是思考決策標準或價值觀**。自己或公司希望以什麼樣的時間軸，達成什麼目的？為此又該如何分配有限的資源？儘管我們總是習於關注那些眼睛看得見的、結果立見的事物，但若能在腦海中的某個角落**建立機會成本的概念，勢必能夠採取更具策略性的決策與行動**。

本書基本上以商務人士為目標讀者群，但若有讀者對自己的猶豫不決感到困擾，或時常感到後悔的話，本書也能提供一些啟發。

# PART I

# 做決策的機會成本

## ——有捨才有得

路人：「你可真勤奮啊！」

樵夫：「還好啦。」

路人：「你看起來很累耶，砍多久啦？」

樵夫：「大概五小時吧，累到我都快受不了了。」

路人：「何不休息一下，磨一磨你的斧頭呢？那樣應該會比較快砍完吧。」

樵夫：「我才沒那個閒功夫，我忙得要命。」

——伊索寓言

CHAPTER

# 1

# 策略與機會成本

# 1 何謂「策略」？

如今策略一詞不僅在商業的世界如此，連在體育界或教育界也都成為日常使用的詞彙，像是經營策略、行銷策略或人資策略……舉例而言，如果在日本亞馬遜網站輸入「策略」，光是書籍就有約二萬件搜尋結果。

那麼假如有人問起：「何謂策略？」是不是出乎意料地答不上來呢？

當然，我想這並沒有一個正確的定義，但我自己的想法如下：

所謂的策略，指的是為了達成特定目的，鎖定目標客群，並運用自己公司固有的強項（獨特性），針對未來制定的計畫，以提供比競爭對手更便宜，或是更有價值的商品與服務（差異化）。

如果只舉出一個關鍵字，那就是「差異化」吧。差異化的方法正如事業策略中經常提到的，若不是控制成本（品質與其他公司相同，但價格更便宜），就是價值

**圖表 1.1** 差異化的基本方程式

$$\text{對顧客的吸引力} = \frac{\text{商品與服務的「價值」}}{\text{商品與服務的對價（價格）}}$$

（價格與其他公司相同，但品質更高）。

簡而言之，就是圖表1.1所列的方程式。如果要獲得顧客的青睞，必須提高商品與服務的吸引力，因此要不是讓分母變小（降低成本並轉嫁到價格上，使價格降低），就是讓分子變大（實現更高的品質）。雖然現實情況應該更複雜一些，但簡單來說就是這麼一回事。

至此為止是基本中的基本，問題是如何才能實現差異化。我在這段定義當中寫道：「運用自己公司固有的強項」。我想以短期來說沒問題，但可惜的是，我們不太可能期待今日的強項到了下個月或明年，一樣會自動保持在強項的位置。除了技術革新或顧客需求改變等影響，最有可能的還是因為競爭對手的模仿，或者是某些政策導致公司的強項變成弱點（例如電子商務普及後，店面變成負擔）。

反過來說，為了維持「差異化」，或者說得更複雜一點，為了「獲得中長期的競爭優勢」，必須讓「強項」進化才行。

這就牽扯到一個重要的概念：「資源分配」。

對於任何組織或個人來說，所謂「人力」、「物力」、「財力」（最近還加入「時間」或「資訊」）等資源都是有限的。想做的事情再多，也不可能一網打盡。

相信大家瞧瞧自己的書架就能明白了吧？上面應該有很多想讀的書或值得一讀的書，但「囤積」如山的書之所以與日俱增，簡單來說就是時間這項「資源」不足所致，所以才說：「策略當中最重要的，不僅是要做什麼而已，連不做什麼都要徹底釐清。」

綜合以上所述，重點可以簡化如下：

> 策略的核心＝差異化
> 實現差異化的手段＝資源分配

關於資源分配的議題，一般比起事業策略（business strategy），更常談論的是企業策略（corporate strategy），也就是關於所謂的多角化。包含新事業在內的複數事業，該如何分配有限的資源？又該如何藉此在全體企業中獲得中長期的競爭優勢？其中講求的不是「大撒幣」，而是「區分輕重緩急」，用最近流行的話來說（說是這麼說，但也流行了數十年之久），即「選擇與集中」。

有人說：「創業失敗不是因為沒有機會，而是因為機會太多，無法悉數消化。」這一點在大企業也一樣。割捨掉「無益的事情」或「沒有意義的事情」，根本算不上什麼策略（況且既然「無益」，又何必進行？）。

所謂實現差異化的資源分配，就是**雖然內心想要投資某事業，但因為必須分配給優先順序較高的事業，所以只好忍痛放棄**。雖然放棄投資、錯失機會，乍看之下好像是「機會成本」，但太多機會令人眼花撩亂，結果反而沒能把握住任何機會，這種「機會成本」才是大多數情況下的現實。

除非自己公司有特別突出的強項，否則所有策略都必須有所割捨。不痛不癢的政策，每家公司都辦得到。如今亞馬遜不僅在電商領域稱霸，也逐漸成為零售業中的佼佼者，卻依然甘冒風險持續投資，就是因為深諳一旦安逸於現狀，優勢就會開始出現破綻的道理。

不痛不癢的政策乍看之下既沒風險，也沒機會成本，但從未來成長可能性與競爭力暴露在危機之下的角度來說，其實是將自己置身於更多看不見的風險之中。

策略的實現必須有所割捨。
不痛不癢的政策，會提高將來蒙受更多損失的風險。

## 2 何謂「策略性」？

「策略性」一詞的使用頻率也與「策略」差不多頻繁。相信大家都知道它代表著正面的意義，但追根究柢來說，策略性究竟是什麼意思呢？

舉例而言，我前一陣子在《日本經濟新聞》上看到這樣的標題：

策略性人才培育
策略性地推動產學合作
印度太平洋策略性推進

「策略」經常與「（短期的）戰術」對比，從這種角度來說，我想很多人會把具備中長期觀點理解為「策略性」。換言之，所謂的「非策略性」，指的就是隨機應變、且戰且走。

那麼只要不是隨機應變、且戰且走，就可以算是「策略性」嗎？即使詳讀這些標題的報導，內容往往只是在強調要「好好做」，通篇讀完還是不明白哪些是策略性、哪些是非策略性的。

雖然與中長期性的特點重疊，但我想策略性的另一個重要意義，應該是「有限資源的分配」。簡而言之，就是「有捨才有得」、「不入虎穴，焉得虎子」。用商業化的語言來說，一個事業就算短期來看很重要或者會賺錢，但只要以中長期來看無法維持競爭優勢，就不應該投資；反之，一個事業即使目前虧損或規模不大，但若以中長期來看很重要的話，投資那個事業才符合「策略性」。

換句話說，這裡有兩種意義的「抵換」，一是「當前資源的抵換」，要讓當前有限的資源集中於何處；反過來說，要捨棄哪個具有可能性的選項。另一種是「時間軸的抵換」，亦即衡量現在與未來，不因為當前虧損就一律放棄或剷除，而是即使有盈餘，也要把不具未來性的事業賣掉；反之，具有未來性的事業則繼續投資、壯大。

凡事皆然，任何成功都伴隨著抵換。或許有人會說，不，你看現在的亞馬遜，好像不管做什麼都會成功……

不過亞馬遜在達成今日的成績之前，肯定歷經過一番寒徹骨吧。傑夫．貝佐斯（Jeff Bezos）設立亞馬遜，是在網際網路開始興起的一九九四年。儘管有個好的開始，但貝佐斯持續投資大型倉庫，並在創業頭八年連年虧損。他之所以會有今天，是因為就算人人都開玩笑說：「你不要叫 Amazon.com，乾脆改名叫 Amazon.org 好了。」（.org 是非營利組織的域名），他也不顧來自華爾街的壓力，堅持持續投資。這就是標準的「策略性」不是嗎？

換句話說，奮不顧身投入眼前的機會或大賺一筆，不確定能不能算是真正的策略性。雖然我認為ＡＩ與區塊鏈都很重要，但採用流行的服務或商業模式，是否真的「有捨有得」仍令人存疑。

在大型企業裡，有些幹部會說：「不行，這有風險。」否決下屬提出的方案，但如果僅靠沒有風險的政策即可達成差異化，經營者就沒有存在的必要了。

## 策略性＝「有捨才有得」、「不入虎穴，焉得虎子」

## 3 超群經營思維，集中投資在高人一等的優勢

另一個「策略性」的例子，應該就屬小松製作所的「超群經營」了吧。領頭的小松顧問坂根正弘，曾在《日本經濟新聞》的專欄〈我的履歷書〉中談到[1]：

在企劃新機種之際，研發、生產、業務、服務等各部門會齊聚一堂，建立共識。此時，「哪個部分比競爭對手差」的議題會貫穿整場討論，並經過一番去蕪存菁，最後得出的結果都是稍優於平均值，卻欠缺趣味性的商品群。

因此，我找來業務與研發的負責人，下令說：「研發新機種時，先決定好要犧牲什麼。」一開始先決定好哪個部分可以輸給競爭對手，多出來的經營資源則投入「環境」、「安全」與「資訊通信技術」等重點領域。這就是所謂的區分輕重緩急路線，而在這之中誕生的商品之一，就是併用引擎與馬達的混合動力挖土機。

1　坂根正弘〈我的履歷書〉《日本經濟新聞》二〇一四年十一月二十六日。

**圖表 1.2** 常見的標竿學習

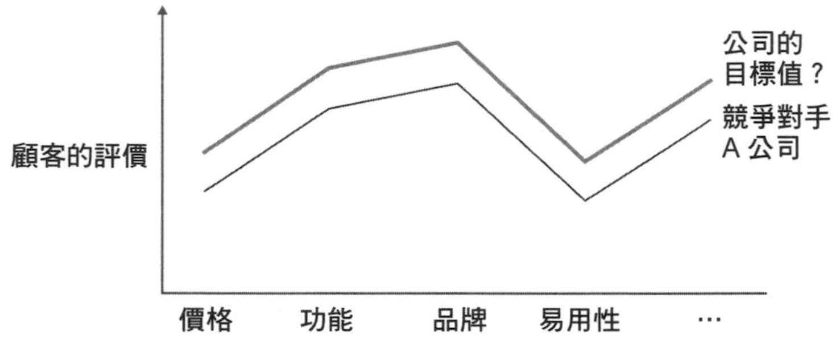


自從開始使用「超群商品」一詞以來，研發團隊顯然一天比一天更有活力。生產部門或合作企業也紛紛提出從「平均值主義」框架中跳脫出來的突破性提案。對於身為提倡者的我，一個詞彙就能讓組織改變這麼多，也是一項新鮮的發現。

幾乎所有企業都會取法競爭對手，針對商品或服務進行標竿學習，例如價格、功能、品牌、易用性、交期、耐久性、售後服務等等（圖表1.2）。

通常，企業會努力在各方面超越競爭對手，但大多時候都事與願違，或者即使超越，也只是毫釐之差。因為資源有限，所以這也無可厚非。畢竟競爭對手同樣認真投入。

或許「送去研究所檢驗的結果優於對手」，但在顧客眼中看來大同小異，而且因為是模仿，所以

圖表 1.3 超群經營的思維

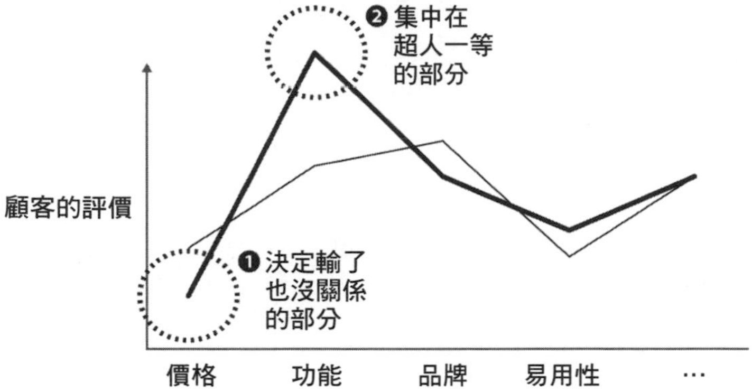


技術人員也興趣缺缺，對於自己的商品也沒有自豪感。這就是坂根所指出的「平均值主義」。背後（日本的教育界也不例外）則隱含著屏除弱點、不能輸的思維，與前述「有捨才有得」的概念完全相反。

在那種意義下，「超群經營」的關鍵與其說是「超群」，不如說是「犧牲」。也就是決定「第一個要犧牲的是什麼」，好將多出來的資源分配到「超群」的部分。坂根提出的重點是，在其他部分「輸了也沒關係，是第一名才能說的話」。這種資源分配的抵換，才是所謂的「策略性」（圖表1.3）。

反過來說，只要無法決定「犧牲」的部分，就無法製造出超人一等的部分。有些企業難得擁有優秀的人才與技術，卻在國內或國際的競爭中敗陣下來，就是因為忽略了這種「機會成本」。

其實「策略性的範例」在生活周遭比比皆是。舉一個最簡單的例子：通勤電車。明明只要比別人早起一小時或三十分鐘，即可一路舒舒服服地搭著空曠的電車通勤，為什麼大家還要搭乘人滿為患的電車呢？相信有人會說：「唉呀，這我也知道，可是……」當然，假如所有人都根據同樣的想法採取相同的行動，只會變成尖峰時間提早一個小時，那樣倒不如晚一點去比較好。

俗語說：「射人先射馬。」體現的正是策略性的意義，還有像是「自己主動打招呼」、「Seek first to understand, then to be understood」（知己解彼）、「不是 Give & Take，而是 Give, Give, Give & Take」等說法，其實很多都具有「策略性」的含義。

在那種意義下，所謂的「策略性」其實不管是組織還是個人，都比想像的還簡單。只是不能否認的是，關於大家究竟能不能做到，答案依舊是否定的。二〇一八年的平昌冬季奧運，時隔六十六年首位衛冕金牌的花式滑冰選手羽生結弦，在賽後訪談中提到的，就是他對於「捨棄」的覺悟。

我決心為了達成衛冕而捨棄掉所有的幸福，像是平常的事情或想法。或者是「啊，我現在不需要這樣的幸福」，就像奮不顧身捨棄掉周遭一切的感覺。

正因為明白勝利的重要性，才說得出這番話吧。如果真的希望自己的公司勝出，最好做出競爭對手也有這番決心的心理準備。

**策略性比想像中的簡單，但很多組織或個人都做不到。**

4

## 3C與機會成本①——對於紅海的天真期待

再次回到策略的討論。

制定策略最普遍的方法就是從「3C分析」開始，也就是分析顧客（Customer）、競爭對手（Competitor）以及企業本身（Company）。

以顧客來說，即透過分析不同群體的需求、購買行為的差異或成長性，來探討

**圖表 1.4** 3C 分析與策略管理

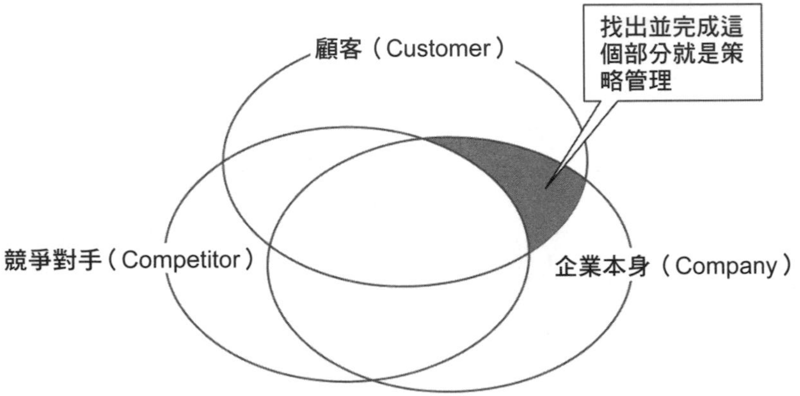


目標顧客群（最基本的市場區隔也是非常重要的要素）。

關於競爭對手的部分，則是調查其強項與弱點，還有未來的動向等等。尤其在業界區隔變得非常模糊的今日，更必須注意的是，以往的競爭對手未必與今後的競爭對手相同（例如：數位相機製造商的競爭對手是誰？）

此外，正如前文策略定義的段落所述，為了實現差異化，徹底釐清企業本身有哪些資源和強項，也是理所當然的事。

根據這些3C分析，找出「顧客有需求，且企業本身有能力因應那些需求，但競爭對手無法出手」的區域，才是所謂的策略管理。若以前述的用語，就是「超群

**圖表 1.5** 實際的策略管理

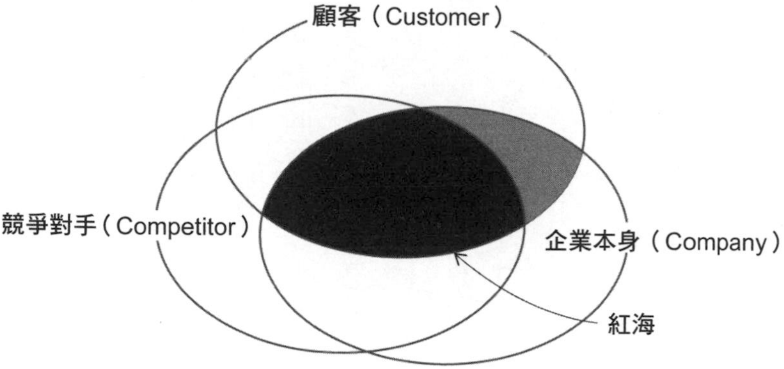


經營」；如果用流行語來說，便是「藍海策略」（圖表1.4）。

不過現實並不會如此順利，有時即使存在藍海，但市場規模極其有限，或者不具成長性，這樣的情況也不在少數（所以才會是連競爭對手都不參與的藍海）。

因此，經營的焦點自然會被吸引到旁邊的區域，也就是雖然有競爭對手，但市場龐大、而且企業本身也有看似足以經營下去的資源的區域，例如電商、金融科技、人工智慧都是最好的例子。

不過與策略定義相反的是，當無法達成「差異化」時，就會發生同質化，造成價格競爭，變成一片血洗的紅海（圖表1.5）。結果，明明有投資卻賺不到錢，或是害得員工精疲力盡，到頭來別說是紅海了，甚至有可能被人說成黑海（黑心企業）。

我想這雖然很「常見」，但還是來重新思考看看。前面談論到策略或策略性是什麼意思，而現在的經營者不可能完全沒有概念，畢竟ＭＢＡ如此膾炙人口，「策略書」也隨處可見，但究竟為何還會發生與「差異化」完全相反的情況呢？

比較漂亮的回答是：「因為日本市場很成熟，所以就算是紅海，也不得不參與。」從某種意義上來說，或許確實如此。不過，更根本的答案難道不是一種樂觀的期待，認為「雖然有可能是紅海，但因為市場很大，所以說不定有什麼機會嗎？這種型態就是因為其中有「看得見」的市場，所以腦中才會浮現「不需要放過難得的機會」這種表面性的「機會成本」念頭，而憑著短期性的衝動大言不慚地說什麼「第二根支柱」。

結果所造成的真正「機會成本」就是，原本應該用來投資藍海的資源（尤其是人才），大量投入並消耗在紅海中，什麼也沒留下。即便藍海的打造或擴展是「看不見的」，也不代表那不重要。事實完全相反。

一味投資看得見的「現有市場」（＝紅海），會讓原本應該用來投資藍海的資源枯竭。

5

## 3C與機會成本②——最不了解的就是自己

另一個更根本的理由是「不了解自己或公司」。

在全球化與網際網路、智慧型手機的急速普及下，市場環境與競爭環境都以大幅且驚人的速度在改變。話雖如此，每每與大型企業的經營企劃部人員交談，他們還是有「精緻華麗的市場分析」或「精緻華麗的競爭對手分析」。大部分情況下，「精緻華麗的中期計畫」都是以這兩種分析為基礎。

不過我認為「對於企業本身的分析」卻驚人地不足（或者說很少花時間或精力在上面）。當然，還是有關於營收、成本結構、生產力與其他公司相比是高還是低的分析。近來由於人口結構逐漸變成葡萄酒杯型，因此像是下一代接班的經營人才不足、強化的必要性，或更嚴重的介護離職[2]問題也時有耳聞。

不過，關於策略的基礎，亦即「擁有什麼樣的資源與能力」，或者進一步來說，關於「強項是什麼」這一點，目前的現狀仍停留在極其膚淺的分析。

或許有很多人會說：「不，沒這回事。」但請各位把手放在胸口上捫心自問：

- 本公司的強項是什麼？
- （在小松製作所例子中提到）「輸了也沒關係的部分」和「超人一等的部分」是什麼？
- 顧客選擇本公司的「獨家特色」是什麼？

我想，每個問題都是思考「策略」時基本中的基本，但有多少人能夠馬上回答出「就是這個」呢？實際上我去過這麼多企業的幹部教育訓練，但很多人對於「企業本身的強項」，即使花上半天甚至一天，無法徹底釐清的情形還是所在多有。

一開始雖然會提出「技術力」、「○○領域的技能知識」、「顧客維繫」等等，但仔細思考以後，一旦開始討論「競爭對手真的無法模仿嗎？」或「顧客真的是看中那一點才選我們的嗎？」等問題，議論就會益發擴大，最後可能會得到「我們公司好像沒什麼強項超人一等」的結論。

其實這並不是日本企業獨有的問題。哈佛商學院教授辛西亞．蒙哥馬利（Cynthia A. Montgomery）曾在論文〈策略的核心〉（*Putting leadership back into strategy*）中，提出以下三個非常基本，但管理階層卻答不出來的問題[3]：

- 假如你的公司消失了，誰會感到困擾？為什麼？
- 同上，誰會是最困擾的顧客？為什麼？
- 大約需要多少時間，才會出現能夠取代你公司的企業呢？

請各位思考一下。長久以來大家都說：「日本企業（本公司）很重視人才。」意思是什麼呢？當然不僅是未提供硬體的服務業與金融業如此，即使是製造商在這

2 介護離職，為了家人的照護工作而辭職。
3 Montgomery（2008）。

個立即會被複製的競爭環境中，如何能讓每一位員工擁有創造性的想法，提供顧客更高的價值，才是勝負的關鍵。

不過相對於此，對於「每一名員工抱著什麼樣的心態進公司」、「真的對現在的工作、或公司的將來感到滿足（或不滿足）嗎？」，或者「為了經驗與成長，應該組織什麼樣的個別計畫比較好？」等問題，公司又使用了多少時間與資源呢？

我曾聽聞在某家超大型企業裡經常有跨部門的專案，但每次都得大費周章才能召集到符合專案所需經驗與能力的員工。至少主要員工的資訊會統一管理在資料庫或什麼地方吧？但完全沒有。

所以被指派工作的專案組長（說起來，連專案組長的指派也一樣）每次都要打遍同期同事或過去組員的電話，想盡辦法召集人手。當然，由此可見，他們不僅非常不了解自己的公司，以結果來說更是缺乏效率，但與此同時，看不見的機會成本恐怕也十分龐大。

在「看得見」或「知道」的範圍內挑選組員，說不定會埋沒其他更優秀卻「看不見」的組長或組員，或可能無法汲取到儘管缺乏經驗，卻擁有非此專案莫屬的熱忱。也許專案的成敗就取決於此。

事實上，雖然實施員工滿意度調查的企業逐漸增加，但有很多都不甚清楚使用的方式，誤以為「有做就好」，或誤判「前兩項非常滿意和還算滿意的比例很高，所以沒問題」，而忽略掉真正的問題[4]，而且我認為極少有企業明確理解到，這種滿意度調查究竟與人才培育、或公司的競爭力有何關聯。

相信你應該知道自己的部下有哪些家庭成員，但請問你知道部下有什麼樣的「夢想」嗎？你知道他過去曾對什麼樣的工作感動？又在什麼時候感到懊悔呢？如果連這些事情都不知道，又要如何替他「創造動機」？

我在慶應商學院（KBS）有一門英語授課課程，叫「不確定性與組織管理」（Uncertainty and management in organizations），是由歐美、亞洲的交換學生還有KBS的學生所組成。

這門課其中傳達的一大重點就是：「我們很多時候總是把焦點放在外部，認為有不確定性或將來的事情很難說，但真正的**不確定性**卻有很多都來自於公司內部」。就連乍看之下在環境變化巨浪中載浮載沉的新創事業，實際上內部同僚分

---

4 詳細內容請參閱清水（二〇一六）第一部「書籍篇」的第三章。

裂、意見或方向性分歧，是最大原因的情形，也不在少數。

機會成本不僅來自於外部環境，很多時候都起因於對內部（企業本身、員工）情況不甚了解。

6

## 策略並不是待辦清單

我想在這一章先提出一個概念，這與下一章也有關聯，就是「策略並不是欲辦事項的清單」。毫無優先順序地列出一串這也想做、那也想做的事情，在英語當中稱作「待洗衣物清單（laundry list）」，當我們在嘴上說著「中期策略」的同時，是否有必要再想一想，自己是否也陷入了同樣的情況？

政治的世界常說「大撒幣」。我想每到選舉時節，那些號稱政治家的人物都會絞盡腦汁思考，提出的往往是一連串好聽的空話、看似充滿希望的政見清單，卻不太講究實效性或策略性。想做的事情包山包海，把資源逐項分配到所有項目上以後，每一件事情都無法得到滿意的結果。「戰力的逐次投入」不必等到《坂上之雲》[5]或《失敗的本質》[6]提醒，就是通往失敗的捷徑。

面對承受各種利害得失的全體國民，能不能夠說出「儘管萬分沉痛，但我們必須先做好這件事才行。我一定會改善現況，請大家耐心等待」這種話呢？事實上那才是最快的捷徑。

試圖一次投入許多事情，不僅人力、物力、財力，還有注意力也會分散，如果無法徹底管理或一事無成的話，更會造成空轉虛耗，這些全都來自於「什麼都做」的裝腔作勢。

排定優先順序當然也有「風險」。萬一延後處理，發生問題該怎麼辦？避免這種風險（短期內）最有效的方法，應該是針對清單上的所有事情，著手處理「某些

---

5 《坂上之雲》，司馬遼太郎著名歷史小說。描寫日本在明治維新時期奮發圖強，學習追趕西方列強，國力不斷增強的情景。

6 《失敗的本質》，經營理論的經典之作。由不同領域的學者進行跨領域研究的成果，結合國家決策與情報處理，以組織論及社會學的角度，剖析二戰前後日本軍隊的敗因與組織特性。由戶部良一、寺本義也、鎌田伸一等學者共同撰寫。

問題」。

即使沒有得到真正必要的結果，也想要留下「做過」的證據。就算機會成本再大，那也是「看不見」的東西。從這層意義上來說，雖說「回應全國人民的聲音」聽起來很美好，但那無異於坦承自己並沒有作為政治家的見識與前瞻性。

若問到為什麼是政治家？為什麼是領導者？不正是因為這些人所扮演的角色，是要能夠充分構想、說明並說服群眾，為什麼「不想做的事情也必須去做」、「想做的事情也必須放棄」，以達成真正重要的中長期目的嗎？

任由眾愚政治決定，實在不能算是民主主義。關於歐盟存續與脫離的議題，我認為英國前首相卡麥隆（David Cameron）遭人批判：「他用『因為不想負責任，所以交由國民投票決定』的方式逃跑了。」也是理所當然的事。

所謂的領導者，真正必須處理的是看不見的課題，而非眼前的課題。做不到這一點的人，和畏傷怯戰的懦弱武士並無二致。天底下沒有什麼輕鬆的工作可以不割肉見血的，領導者不應該是如此輕鬆的工作才對。

所謂的策略，並不是欲辦事項的清單。領導者的工作不是處理眼睛看得見的課題，而是領導追隨者處理眼睛看不見的、更重要的課題。

# PART II

# 決策過程的機會成本
## ——要戰勝凡事都想計畫的誘惑

我們經常對經營者說的一句話是，要戰勝萬事都想計畫的誘惑。大部分的計畫都太過詳細，而且一旦制定那樣的計畫，很容易會陷入一種妄想，認為自己看得如此詳細，所以不會有問題，即使發生計畫之外的狀況也很難注意到。

領導者在面臨危機之際，必須為了思考而採取行動，而非為了行動而進行思考。

——卡爾・韋克（Karl E. Weick）

CHAPTER

# 2

# 制定計畫與機會成本

# 1 制定計畫的弊害

策略是與將來有關的計畫，不過正如前文所述，不是所有計畫都是策略。似乎經常有人誤解，以為「制定策略＝制定中期計畫」，而且追根究柢來說，這是因為很多人認為「充分收集資訊，並制定詳實的計畫，就是成功的關鍵」。

對於旅行或金錢的使用方式，「計畫性」是最重要的。要不要把制定旅行計畫的時間用在其他事情上，取決於旅行在人生中定位在什麼樣的地方，但若把旅行本身視為目的，那麼一定要事先計畫好飛機轉乘、過夜地點等細節，否則一路上會困難重重。

反過來說，為什麼計畫對旅行來說很重要？那是因為很多事情已經確定了，只要從中進行選擇即可。飛機或火車都有時刻表，不同飯店有多少間也很清楚，各種觀光設施也有明確的營業時間或公休日。在這之中如何分配時間，就是所謂的計畫。當然，也有人覺得不制定計畫比較有趣。

反觀在思考策略時，確定的事項可以說是少之又少吧？即使市場規模不會有大幅的變動，但舉凡技術面上的變化、顧客需求或購買預算的變動、競爭對手的策略改變，或完全不在預料範圍之內的競爭對手出現等等，幾乎可說「唯一不變的，只有環境會改變的事實而已」，甚至在新興國家更是充滿「不確定因素」，例如：法規、政府方針的改變，或因此導致匯率變動等等。即使拼命收集「過去」的資訊，制定出乍看之下精緻華麗的計畫，不也只是在浪費時間嗎？

即使如此，許多企業還是會制定「中期經營計畫」。當然，在成長率或成本等方面必須設置很多前提。看著五年度的營收、利潤、現金流量列示在精緻華麗的試算表上，確實會有種勝券在握的感覺，但因為那個前提是「預測」的，所以計畫會改變也是當然的，反而完全照著計畫發展才奇怪。

不過，還是有許多企業「制定策略花費九〇%的時間，執行卻只花一〇%的時間」，甚至嘴上說著ＰＤＣＡ[1]，實際上有做到ＰＤＣＡ都還算好的，更多的是只有ＰＰＰ而已。這些企業恐怕也認為，只要做到量化就具備客觀性，很容易成功吧。（即使失敗也很方便找藉口？）

---

1 PDCA，Plan-Do-Check-Act 循環的簡稱。

其實關於這樣的中期經營計畫，或者說策略計畫的弊害，早從數十年前開始就遭人強烈懷疑：「真的有價值嗎？」帶領ＩＢＭ起死回生的路易斯．郭士納（Louis V. Gerstner）甚至曾在擔任麥肯錫顧問的一九七九年說過：「就跟吃中華料理的正餐一樣，吃完以後肚子很飽，但過一會兒就完全不記得自己吃了什麼。」[2]

當然，正如後文所述，並不是所有計畫都是白費心血，只是那又有耗費多少成本或精力的價值呢？尤其是讓那些在組織中也以優秀著稱的企劃部門人才，好幾個月都埋首在名為「制定計畫」、實為政治性內部調整的工作中，真的有價值嗎？

持續關注東芝（TOSHIBA）收購西屋公司（Westinghouse Electric）的新聞就會發現，他們顯然制定了不合理的計畫，並且為了展現出自己已經實現那個不合理的計畫，反而逐漸深陷泥沼。除了如此顯而易見之外，對於計畫亂用或濫用到這種程度的來龍去脈，也必須重新思考才行。

由此可知，從機會成本的觀點檢視所謂的經營計畫擬定（其中也包含所謂的「策略擬定」）時，有幾個重要的問題需要討論。

① 發生單純機會成本的可能性。如果把制定計畫的勞力用於他途，或者進行

到一定程度以後就投入執行階段，是不是會得到明顯更好的資訊與結果。

然後更嚴重的問題是，「因為花了這麼多時間與精力」，所以：

②計畫一旦制定完成就鬆懈下來，對於執行的部分沒有多餘的精力，或者誤以為執行是（即使不動手去做也）勢必會完成的事。

③計畫被視為「聖域」，即便環境有所改變，計畫時的前提不再相同，「必須按照計畫執行」的想法還是像強迫觀念一樣滲透企業內部，如果是製造商，恐怕會為了「美化數字」而做出強迫銷售給批發商等行為，更有甚者還會粉飾財報。

④反之，即使有計畫以外的「機會」也不會注意到，因此產生機會成本。

在深入探討①到④的問題之前，先來想想為什麼即使如此，在這麼多企業當中，甚至是人才濟濟的企業，「計畫」還是能夠如此占有一席之地呢？

---

2 Gerstner（1973）。

2

# 釐清對計畫的三大誤解

麥基爾大學的亨利．明茲伯格（Henry Mintzberg）教授針對「計畫」被高估的原因，提出三大誤解。[3]無論是策略計畫還是其他計畫，「制定計畫」都存在一些前提，雖然有時適用，有時不適用，但這點理所當然的事卻始終遭到忽略。我也認同此番見解。[4]

首先，**第一種是「對預測可能性的誤解」**，認為不僅未來是可以預測的，連特定的時間點也可以預測。換句話說，就是誤以為「策略計畫的前提，是在一項計畫所制定的期間內，世界不會變化，而且在那項計畫執行的期間內，也會按照預期發展」。

如果不是這麼認為，根本無法說明為什麼會有「每年六月一日提出策略案，十五日送交董事會審議這種固定流程的存在」。策略與例行的秋祭計畫可以等同視之嗎？腦中浮現「經你這麼一說」念頭的人，我想大部分都是對的。

事實上，關於這一點也曾有一群顧問指出：「（原本應該是機動性的）策略擬定變成按照行程表進行的例行公事，即為問題所在。」[5]

除此之外，明茲伯格教授對於伊格爾・安索夫（H. Igor Ansoff）教授提出的「能以正負二〇%的準確度去預測的期間，應該視為該企業的計畫期」一說，也曾直言道：「太荒謬了！」

過去曾經出現許多像這樣的偉大「預言」：

未來全世界只需要五台電腦就夠了。

——托馬斯・J・華生（Thomas. J. Watson, Sr. IBM, 1943）

任何人都沒有必要在家裡擁有一台電腦。

——肯尼思・奧爾森（Ken Olsen, DEC, 1977）

---

3 Mintzberg（1994）。

4 清水（二〇〇七b）。

5 Mankins and Steele（2006）。

我在別本書也有介紹過，賓州大學的菲利普・泰特洛克（Philip E. Tetlock）教授斷言，「專家的預測與預期」是靠不住的。[6]根據他所收集的八萬兩千個以上有關政治動向的「預測」與「預期」的分析可知，那些號稱「專家」的預期，準確度比純粹從過去資料加以推論出來的還低。

專家與外行人的差別在於「有沒有自信或理由多不多」，而不是預測與預期的內容或準確度。更有意思的是，很多所謂的「專家」即使預測失準，也不會改變自己的想法。泰特洛克教授提出七種「藉口」：

一、預測的前提條件改變了。
二、發生了預料之外的事。
三、差異微乎其微。
四、雖然沒有按照預測發展，但預測的基礎並沒有錯。總有一天會變成那樣。
五、政治問題（或是管理、教育……我想任何問題皆適用）本來就很複雜，沒辦法輕易預測。
六、這算是比較好的錯誤（例如：高估俄羅斯總比低估俄羅斯來得好）。

七、機率很低的情況如奇蹟般地發生了。

是不是覺得在哪裡聽過（或說過）這些話呢？順帶一提，這些「藉口」的理由不僅適用於預測錯誤時，連預測準確時也適用，但準確時卻絕對不會有人提起。

**第二個誤解是「誤解成不一樣的事情」**（detachment）。明茲伯格教授認為以下幾種概念很容易被切割開來思考：「策略與運作（或戰術）」、「擬定與執行」、「擬定企劃者與執行者」、「策略家與策略的目的」。背後的邏輯是「以為只要制定好策略計畫這套架構，後續就會水到渠成」，但這也是一種誤解。

當然，「計畫」來自於過去的資料或依據過去資料得出的預測與前提，不能夠納入新資訊或預料之外的事。進一步來說，為了達到「量化」，也會設置各種前提。

舉例而言，在考量市場規模之際，經常會採用像「年收入〇〇萬元以上的三十多歲女性」這種人口統計資料做出市場區隔，評估市場規模，但由於「需求」很難

6 Tetlock（2006）。正如亞馬遜簡介頁面所示，這本書獲得多項大獎肯定。

直接量化，因此那只不過是在「此客層對這項商品或服務的需求應該比較多」的假定之下，使用容易量化的指標來替代而已。一個不留神，可能就會發生「這位女性四十多歲，所以不是這樣」等誤會，或是手段的目的化。

當然，這並非說指標不能替代，但在這種結合多項前提之下的「精緻華麗的計畫」中，只要任何一個變數稍有變動，就會如等比級數一般，結果大不相同（應該也有人聽過所謂的「蝴蝶效應」）。

策略有依據資料刻意制定出來的「deliberate」的部分，也有依據執行過程中新發現的事實，偶然地、突發性地做出決定的「emergent」的部分。

因此，「為了執行而收集資訊，並制定計畫」雖然很重要，但在企業策略等不確定因素很多的狀況下，「透過執行去收集資訊」或「一定要執行才收集得到資訊」，反而才是現實。後文的「精實創業」[7]與「A／B測試」正是奠基於這樣的概念上。

與此相關的**第三個誤解，就是「公式化、系統化的誤解」**，認為只要經過系統化，資訊處理即可效率化。雖然在變數或輸出確定的執行層面上，確實有很多可以著力之處，不過明茲伯格教授認為，這在策略層面上絕對沒有效果，甚至有可能讓事情變本加厲。

**策略「計畫」的三大誤解**
①對預測可能性的誤解
②認為計畫與執行相互獨立的誤解
③公式化、系統化的誤解

3

## 計畫與機會成本①——熱愛計畫的MBA

二〇一五年五月，有篇報導令身為商學院教授、且同時擁有MBA學位的我大

7 精實創業，是一種發展商業模式與開發產品的新策略，用來指導創業公司盡可能最大效率地整合資源。二〇一一年由埃里克．萊斯（Eric Ries）提出。

為吃驚，題名為〈ＭＢＡ學生的創造力比幼稚園小朋友還低？〉[8]

題材來自於二〇一〇年發表在ＴＥＤ上的「棉花糖挑戰」[9]。一組四人的團隊要盡可能在十八分鐘之內，用一顆棉花糖、二十根義大利麵條、一條九十公分的繩子還有膠帶，搭出一座愈高愈好的塔，而且棉花糖要放在最頂端。

各組團隊不只包含ＭＢＡ學生，還有律師團隊、ＣＥＯ團隊等等，最後六組團隊的結果如圖表2.1所示（由於影片中未提出精確的數值，因此請以圖形作為大致的參考）。

建築師與工程師表現最好，這是可以理解的，但為什麼ＭＢＡ學生的團隊會是最後一名呢？（請注意不僅是ＭＢＡ學生的團隊如此，

### 圖表 2.1　棉花糖塔的高度

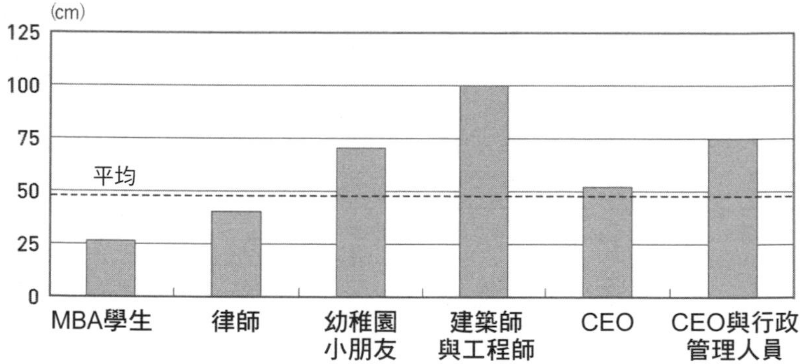

連CEO團隊也輸給幼稚園小朋友。）

一言以蔽之，MBA學生的問題在於他們「認為必須制定正確的計畫」，因此「花費太多時間在計畫上」。各位觀看TED的影片就會知道，如果將十八分鐘區分成①「確認任務目標、爭奪主導權」（orient）、②「描繪結構等計畫與準備工作」（plan）、③「實際建造高塔」（build），和④「把棉花糖放在頂端，大叫喔耶（或喔不）」四個階段，MBA學生會花特別多的時間在「計畫」上，並且在時間快要結束前的最後一刻才把棉花糖放上去，但大多數情況下，高塔都會在此時不幸倒塌。

正如第一章所述，雖然「計畫」或「邏輯」很重要，但當不確定性很高時，即使思考得再縝密，也不一定能夠成功。實際上，觀察MBA學生後會發現，他們很容易「費力在有效率地完成一些沒有必要的作業上」。即使面對新事業等未知的體

---

8 史考特・安東尼（Scott D. Anthony）〈MBA學生的創造力比幼稚園小朋友還低？〉摘自《哈佛商業評論》（http://www.dhbr.net/articles/-/3295）。

9 請撥冗觀看TED。湯姆・伍耶克（Tom Wujec）——「建造高塔，建立團隊」（https://www.ted.com/talks/tom_wujec_build_a_tower）。

驗，大概也只有MBA學生會不由自主想制定計畫。

反觀幼稚園小朋友，拿到什麼就做什麼，一有機會就把棉花糖放上去看看。當然一開始不可能順利進行，失敗也是意料之中，但由於他們能夠從中得到一些反饋，知道「原來可以這樣做」或「這樣子是不行的」，因此比起MBA學生絞盡腦汁設計出來（不過幾乎沒有實踐性）的塔，幼稚園小朋友最後才能建造出明顯更好的成品。TED當中強調的一點是「原型（prototype）的重要性」。

說了這麼多，重點其實很簡單，就是「知識」與「計畫」雖然重要，但「執行」更加重要。一旦提出了大致的構想，接下來唯有執行才能夠獲得新資訊。尤其是面對新事物，或在無法預測未來的環境下更是如此。（甚至還有句諺語說：「愚蠢的思考無異於睡覺。」）

在實際的商場上，像「棉花糖挑戰」這種莫名的情況比比皆是。此時，如果打算制定「縝密的計畫」或「正確的計畫」，不僅會花上大把時間，更糟糕的是，花上大把時間制定出來的計畫基本上也不會成功。假如勉強執行「好不容易制定出來的計畫」，最後只會遭遇兩種結果，不是被社會淘汰，就是被顧客遺忘。

「領導者在面臨危機之際，必須為了思考而採取行動，而非為了行動而進行思考」，這是組織理論泰斗、密西根大學卡爾・韋克教授說過的話。

**計畫與機會成本①**
若把時間或資源用來制定計畫，就不能用來（或推遲）執行，結果將無法獲取真正重要的資訊。

4

## 計畫與機會成本②——對計畫感到安心

「計畫」的問題，不只是耗費大量時間或精力在沒用的計畫上而已（原本應該用在比這更重要的執行等工作上），還會因為耗費了這麼多精力，而認為計畫一定非常有效。

從結果來說，可能對於不在計畫之內的狀況或資訊視而不見，或甚至一旦事情不照計畫發展就說：「是顧客不了解。」認為現實狀況有問題。

其中的原因就在於，對計畫（毫無根據）的過度自信。由於過度自信會隨著制定計畫投入的資源而變本加厲，因此會造成機會成本的惡性循環。這也幾乎可以套用在「假說」[10]上，例如對於「一旦建立就無法捨棄」或「一味收集可以支持假說的資料」等副作用，都必須格外當心。

這就是心理學上說的稟賦效應（endowment effect）。就康納曼（Daniel Kahneman）教授派的說法，「以什麼為參考點」會大幅影響決策，而且即使是「隨便哪個都好」的選擇，一旦做出決定以後，人往往會顯現出不想改變的傾向。這樣一想就不難理解，為什麼人在面對提出復合的對象時，會堅決表示：「既然已經決定了，就不再回頭。」

言歸正傳，其實像這種「對計畫的過度自信」，類似的情形也常見於生活周遭，例如日本所謂的「手冊人類」。那種人認為按照手冊上寫的去做即可，或把手冊當作免死金牌，忘記本來必須達成的目的，只遵循紙上所寫的（最近也有可能是線上化的）指示行動，原本應該是手段的工具，結果卻變成了目的。

對於一無所知的工讀生來說，被人用「這是規定」來打發或許是件無可奈何的事，但如果全公司上下都對顧客表現出這種態度，那麼手冊或計畫恐怕會是造成「停止思考」的原因。

然後因為「停止思考」的緣故，又必須把所有事情都列在手冊上才行。連原本只要考慮「顧客價值」即可輕易判斷的事項也要一一規定，只要有新的客訴就編入手冊，結果整本手冊厚達上千頁，這樣的企業至今依然存在。這也是惡性循環。理所當然的是，根本沒有人會閱讀那種上千頁的手冊。我彷彿可以聽見那群不了解現實的可憐管理階層吶喊著：「明明花了這麼多時間製作手冊，為什麼員工還會出錯呢……？」

必須有人教導員工，所謂的手冊，只不過是為了達成目的，現階段最好的假說而已。正因如此，無印良品才會那樣頻繁地改編工作手冊。

接下來雖然有點離題，但畑村洋太郎教授[11]曾在與東日本大地震有關的檢討言論中表示：「我不確定今後為了預防海嘯而建造高大的防波堤，是不是真的適合作為防範海嘯的對策。」[12]

---

10 假說（hypothesis），按照預先設定，對某種現象進行的解釋。在企管顧問界，可解釋為：「沒有經過證明，而最接近答案的暫時性方法或定義。」

11 畑村洋太郎，東京大學名譽教授，曾任東京電力福島核能發電廠事故調查檢證委員會委員長。

或許有人會困惑：「嗯？什麼意思？」簡單而言，意指「一旦建造高大的防波堤，大家就會感到安心，即使聽到海嘯警報也不會逃跑。」事實上，消防單位曾針對地震後的海嘯發出避難警告，但乖乖避難的都是過去沒有受災經驗的人、從外地搬遷過來的人，至於防波堤內側的人，似乎一心以為「自己受到保護」，所以最後有很多人來不及逃跑。

另外也有像這樣的情形：在東日本大地震之後，媒體大篇幅報導各種有關核能發電的新聞與事件，其中一篇提到[13]：

一九九九年九月，茨城縣東海村發生臨界事故時，我在首相官邸內聽見一句令人不寒而慄的話：「這起事故完全在意料之外，無計可施。」在政府對策總部席上發言的人，是當時核能安全委員會的長官。（中略）對策總部無法採取有效的應變方案，只能在現場召集JCO員工組成「敢死隊」。經過一番搏命作業後，臨界反應總算在一天之內大致穩定下來。

如果是在「意料之內」，根本不需要有領導者，只要按照「事故應變手冊」等指示，如意料中那般謹慎處理即可。所謂的領導者，是為了應付意料之外的狀況才存在的，如果連這一點都不知道，還當什麼「領導者」呢！那樣的話，任命的一方與被任命的一方都太輕鬆了吧。

從這層意義上來說，「準備」或「計畫」不僅會讓人「安心」，還會讓人「掉以輕心」。反過來說，就是對現實視而不見，只看得見「期望中的解釋」而已。從結果來看，對於為什麼會發生那種「意料之外」的事，發生時又該如何是好的想像力與執行力，都毫無助益。

**計畫與機會成本②**

**對於計畫感到安心（過度自信），忘記目的，陷入無法正視現實的思考停滯。**

---

12 畑村（二〇一一）。

13 〈風向雞——轉動減災的齒輪時〉《日本經濟新聞》二〇一一年五月十五日。

# 5 計畫與機會成本③——計畫的聖域化

假如計畫建立在許多前提之上，那只不過是「基準」而已，重要的任務應該是作為與員工、或其他利害關係人之間的「溝通工具」。

然而現實的情況是，每次發表「中期經營計畫」，就會成為投資者評估企業業績的重要資料，股價因此漲跌也是常有之事。事實上，股價反應最明顯的情況之一，就是財報數字高於計畫或低於計畫的時候。舉個極端一點的例子，即使營業利潤比前期增加二〇%，但計畫預測是增加二五%，股價就會應聲下跌。

從現實層面來想，股價的漲跌是金錢遊戲的一環，而隱含在股價中的高度業績評價，說不定只是反映現實去調整（亦即回到合理的價格）而已，但仍然有些經營層對於那樣的股價變動或（有話語權的）股東動向異常敏感。

以前我曾寫過 Drecom 的個案，該公司二〇〇六年在東證創業板上市時，第一天湧入大量買單卻沒有成交，直到上市後第三個營業日，才以超過公開價格七十六萬日圓四倍的三百四十七萬日圓成交，後來又上漲到五百六十二萬日圓，內藤裕紀社長說他強烈感覺到：「現在想想可能是我自作多情，但當時卻覺得必須追上大家的期待才行，萬一沒做出成績搞不好會被淘汰。」

在市場的操弄下，Drecom一度處於迷失自我的狀態，其後股價大跌至二十八萬日圓，瀕臨破產邊緣，但在經歷過「Drecom復興計畫」之後，又蛻變成更加穩固的公司。[14]

儘管最近在美國也愈來愈少這種情形，但華爾街有很長一段時間認為，每一季的結算「每次都要超過計畫的盈餘一美分，才是理想的經營」。這裡也要告知各位一項原本不可能發生，卻普遍存在的事實，就是甚至連保險公司，這類業績理應深受龍捲風或大雪等完全無法預測的自然現象所影響的公司，也能夠持續做到「超過一美分」這種事。

於是導致的結果就是，原本只不過是用來表示達成目的之途徑與假說的計畫，最後反而變成目的。「一定要按照計畫進行」彷彿成了一種強迫性的觀念滲透公司內部。如果是製造商，可能會為了「美化數字」，而做出強迫銷售給批發商等行

---

14 「株式會社Drecom（A）」慶應商學院個案教材，二〇一三年。

為，或是在最糟糕的情況下，還會為了堅持達成計畫而粉飾財報。

這種毫無意義的作業會帶來多少副作用，或者會不會危及公司本身的存續，任何人只要稍微動腦都知道答案，但即使如此，為什麼「為了達成計畫不擇手段」的公司還是層出不窮？這真的是必須捫心自問的問題。

類似的情形也可見於最近頻繁報導的「資料造假問題」中，例如：接連不斷發生有公司將未達內部規定品質的商品供應給客戶廠商的事件，日本的製造業究竟何以走到如此地步？更嚴重的報導甚至說：「多角化孕育出蛸壺[15]一般的組織。」關於這樣的狀況，我也接受過幾次採訪。

記者想問的點似乎是「應該如何強化管理」，或是「日本產業規格（ＪＩＳ）要如何變更比較好」，但我告訴記者，依我所見，這並不是「規格」或「管理」的問題，而是「態度」的問題。

當然，管理的必要性無庸置疑，不過就像駭客一樣，想要造假的負責人會找出漏洞，只有穿過那些漏洞的才算是造假成功。雖然為了消除漏洞而管理得滴水不漏本身也是一件難事，但在不少情況下，最後也有可能產生第一線失去自由度與創造力的「機會成本」。

說來說去，究竟為什麼會想要「造假」呢？答案不免讓人想到計畫的聖域化，或是比起自己工作達成度或自尊心，更重視「數字」的企業文化，至少可以確定的是，領導者缺乏想像力，無法理解第一線有那樣的想法。

後來我在確認有關前述小松的「超群經營」過程中，翻到了一篇報導[16]：

河合先生（河合良成前社長）對我們技術團隊說：「別管ＪＩＳ（日本產業規格）與成本。」也就是說，他下達的指示是「不可以滿足於ＪＩＳ，要以品質為第一優先，做出我們自己獨特的高水準規格」。

「只要遵守ＪＩＳ就算及格」，把此概念視為常識的這個時代，河合先生的話令眾人大吃一驚。

若以東芝的情況來說，不只是股票市場的壓力而已，公司內部的權力鬥爭，還

15 蛸壺，捕捉章魚專用的專用漁具。
16 坂根正弘〈我的履歷書〉《日本經濟新聞》二〇一四年十一月九日。

有經團連[17]職位等等的因素全部混雜在一起，所以比起「聖域化」，或許「政治工具」的定位更高吧。

反過來說，「計畫」，尤其是「經營計畫」，即使內容只是「基準」，有時還是必須當心其中包含的強大影響力（或拘束力）；反之，為了看透「與計畫乖離，並不是什麼大不了的事」，也必須透徹了解第一線的能力才行。一旦對自己與組織沒信心時，組織就會遭到政治蹂躪。

**計畫與機會損失③**

原本應該是手段的計畫，變成聖域與目的，分配的資源與原來的目的達成並不相符。結果不只是在「勉強」而已，還會使第一線失去成就感或對工作的自尊心。

## 6 計畫與機會成本④——對機會的敏感度降低

接下來，我想再探討一下「意料之外」這一點。自從東日本大地震發生以來，這個詞語簡直像流行語一般廣泛被人使用。例如：「海嘯的高度在意料之外」、「關於核能發電，不應該使用意料之外這樣的說詞」等等。最近也聽到有人說：「日圓貶值到這種程度，是意料之外的事。」

這些話雖然常透過媒體等管道聽到，但請各位試想一下，在什麼樣的情境下會用到「意料之外」一詞，難道不覺得有哪裡不太對勁嗎？沒錯，當用上「意料之外」一詞時，幾乎都含有「意料之外的不好」的意思。然而，儘管似乎沒人在意這種事，但如果把「意料」置於中央，先不論是不是一定會呈現常態分布，照理來說應該也會發生「意料之外的好」才對，但那個部分又跑到哪裡去了呢？（圖表2.2）

檢視創業成功的企業也是，成功的企業絕大多數都是一邊為了許多意料之外的

17 經團連，日本經濟團體聯合會。

**圖表 2.2**　「意料之外」的分布

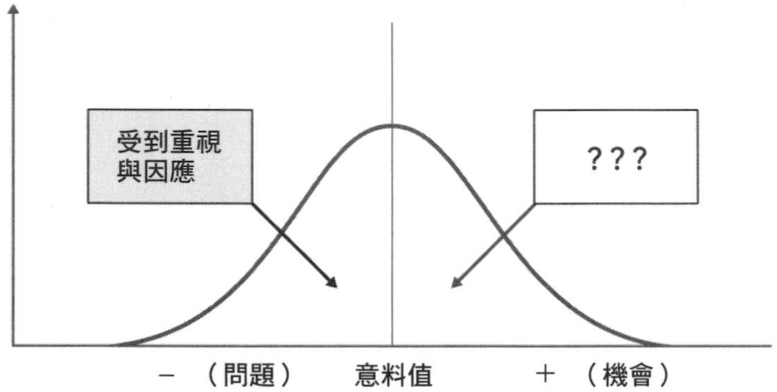


問題絞盡腦汁，一邊活用「意料之外的機會」（包括與人相遇在內），而不是「沒有遭遇意料之外的問題」的企業。

如何因應「意料之外的問題」當然很重要，但如何活用「意料之外的機會」也同等重要才對。

然而，我們往往會不自覺地把焦點擺在「問題」上。這一點和足球很像，每當防守失敗，輸了一分就會全場鼓譟，防守球員受到眾人責怪；然而，前鋒即使失敗，沒把球踢進球門，大多人也只是說聲「真可惜」而已，不是嗎？明明同樣都是一分。

事實上，證明「重視問題，更甚於機會」根植於人性，或用更一般化的說法，就是「比起利益，更在意損失」，這就是讓康納曼教授獲得諾貝爾獎的「展望理論」（prospect theory）。另外，也有研究家指出，人類本來就無法擺脫遠古時代在野外求生時，必須隨時對危險或問題保持敏感的原始習性。[18]

若回顧公司的歷史，我想應該有很多「眼睜睜看著機會溜走」的時候。不過，就如同守備失分的防守球員會被記得一清二楚、沒拿下關鍵得分的前鋒卻沒人在意，「錯失機會」不太受到重視，不正是當前面臨的現狀嗎？

舉例而言，假如今年中國地區銷貨收入增加二〇％，大家會很高興地說「好厲害」、「太棒了」，但事實上說不定整體市場成長五〇％，其他歐美競爭企業的銷貨收入全都增加五〇％以上（這也與「展望理論」的參考點問題有關）。這種情況無異於一旦現有客戶被其他公司搶走就氣急敗壞，但如果是錯失了原本應該取得的新客戶，也只說聲「真可惜」或「沒辦法，至少努力過了」就不了了之。

這裡先稍微提一下，蘭卡斯特大學的海爾加・杜拉蒙（Helga Drummond）教授指出，由於「比起活用意料之外的機會，許多組織對於預算超過計畫的反應更加

---

18 Herbert（2010）。

敏感」，因此即使是有發展機會的事業，一旦出現虧損就會有及早停損的傾向。這一點，後面會再進一步與完全相反的「承諾升級」概念一起說明。

順帶一提，也有論文提到「解決問題的領導者會受到好評，但防患於未然的領導者卻不太有人讚賞」。[19]在各位的公司，那種「雖然不起眼卻非常重要的（如空氣一般）選手」價值，是否充分地得到理解？即使結果在「意料之內」，現實卻是一連串的「意料之外」，然而在不少情況下，組織就是靠著那些選手腳踏實地的活動，才可以像什麼事也沒發生一般順利運作。

**計畫與機會損失④**

把注意力放在與計畫不同的「意料之外的損失」上，錯失「意料之外的機會」。

7

# 不過度計畫，才能看到新的機會

卡洛斯・戈恩（Carlos Ghosn）在幾年前造訪慶應商學院時，碰巧由我擔任司儀。當時戈恩向ＭＢＡ學生（還有畢業生）強調的事項當中，有一點就是「不要過度計畫」。

在這個社會上，還有在求取ＭＢＡ學歷的人之間，凡事講求「計畫性」或「組織性」是格外重要的事。當然，有計畫一定比沒有計畫來得好，而且經過組織的事物，進行起來大多也比較順利、有效率，不用面對太多的「機會成本」。

不過在這個社會上，也有一些無法計畫或組織的事情。明知無法計畫或無法量化，卻還要（甚至勉強地）制定「計畫」，充其量也只是一套「基準」而已。

不過我要再次強調，很多時候一旦決定要制定「計畫」，往往就會開始安排優秀的人才，投入寶貴的資源，或是演變成對外的「顏面」，不知不覺「聖域化」，

19 Repenning and Sterman（2001）。

也就是「手段目的化」。如果以個人來說，雖然有職涯規畫是一件好事，但有些人卻會因為「沒有按照計畫發展」而感到焦慮，甚至還會認為「自己是失敗者」。

若簡單解釋戈恩的說法，意思就是「不要做那種浪費時間的事」。在環境變化如此劇烈的今日，還有將來，每個制定計畫的當下都有一大堆完全沒人想到的機會。其實不僅是環境變化，像是遇到一個意料之外的人，很多時候也會帶給我們莫大的影響。錯過這種「機會」的損失有多大，我想這就是戈恩想要警醒大家的事。

有一回我收看明石家秋刀魚演出的電視節目，他聊到自己採買食物的事。他說：「我不會做什麼計畫，只買當下身體想要的、想吃的東西。」我記得當時我莫名感到認同。

翻開《劍橋英英字典》查詢 Chance 這個字，上面寫的是「the force that causes things to happen without any known cause or reason for doing so」。換句話說，所謂的機會，就是因為誰都無法事先預測，所以才叫機會。「消息來得這麼突然，根本沒有心理（或組織的）準備」這句話，幾乎等同於「不需要機會」之意。

反過來說，既然機會有可能降臨在任何人身上，那麼成功或失敗的關鍵，只在於你要一味堅持目前的計畫，或因為沒有任何計畫而猶豫不決，從頭到尾根本沒注意到機會的存在；還是在機會來臨時果斷把握，差別僅此而已。

我經常引用法國化學家路易・巴斯德（Louis Pasteur）的一句話：「Chance favors the prepared mind」，但基本上就是「做與不做」的差別而已。然後這一點也會在後文提及，如果在毫無計畫之下，只能憑「直覺」做決定，那麼平常如何鍛鍊「直覺」應該也是關鍵因素之一。

「意料之外」有其風險，但說到制定計畫是否真能降低風險，其實也還有很多無法掌控的部分。如果因為制定計畫而受困於「感覺好像知道」的幻想之中，導致無法把握住機會，那也會是非常大的機會成本。

**機會無法靠計畫去掌握。**

CHAPTER

# 3

# 受人喜愛的資料分析與機會成本

# 1

# 從資料分析1.0到2.0

「分析」一詞在日本國語辭典《大辭泉》當中的定義如下：

將複雜的事情分成一個一個的要素或成分，闡明其中的結構。

比起毫無根據地做出決定，當然是依據資料做出決定比較好，例如管理事業的收益性，把資源分配在成長可能性更高的市場或事業上。藉由使用「資料分析＝科學的、客觀的根據」，可以把依賴KKD（直覺、經驗、膽識，有時還包括「毅力」）的主觀且不易理解的經營，變得透明度更高、更能夠共享與接受。也就是說，「對於過去的成功經歷，只會坐享其成，不懂得分析資料的上司或企業，將會被環境變化給淘汰」、「如果不能藉由資料分析可視化，就不具有再現性」等等。

有意思的是，如此理所當然的事情，卻意料之外地沒什麼人做到。我在二〇〇九年翻譯了《真相、傳言與胡扯》（*Hard Facts, Dangerous Half-Truths, and Total*

*Nonsense*）這本書，其中也介紹到「循證醫學」等概念，很多時候連醫學這門應該符合科學精神的領域，也常常都依循傳統的方法做事（即使毫無意義）。

二〇一八年的《日本經濟新聞》上有關於「循證政策（EBPM：Evidence-Based Policy Making）」的連載，而經濟產業研究所（RIETI）的網站上也堂而皇之地宣稱：「EBPM的推動已列入政府的主要方針，可以想見日後的重要性會愈來愈高。」那麼在此之前，究竟是根據什麼基礎去經營、治療或決定政策的呢？

從這層意義上來說，在經歷「失落的十年或二十年」以後，MBA教育更受矚目，循證、分析的管理受到重視也是理所當然的事。事實上，據說至今有關部門別損益或商品別損益的管理，很多公司都沒有確實採用作業基礎成本法（Activity Based Costing，ABC），而是大致按照營業收入或人數比，分配到間接部門或間接成本就滿足了。

沒有做到「分析1.0」，也就是為了管理目的而測量並分析結果的企業，如今依然多得驚人。[1]正如第一章3C部分（顧客、競爭對手、企業本身）所提到的，這

1 這一點，經營共創基盤（IGPI）顧問公司的合夥人曾跟我說過，有些我自己研究室畢業生所屬的非常有名的公司也是如此。

是典型「最不了解自己」的人或組織。

近年來，隨著網路等科技的進化，還有人工智慧、物聯網的蓬勃發展，大數據與資料分析都受到前所未有的關注。可以肯定的是，分析——尤其是大數據分析——能夠客觀解釋我們過去所不了解，或只能夠「憑感覺」說明的事物，甚至提供新的方向，因此已然成為一門非常重要的領域。A／B測試也是因為資訊收集與分析工具發展至此，才能夠做到。換言之，不僅是為了管理而已，為了將來，為了更好地制定策略，「資料分析2.0」變得十分重要。

不過，問題是「只要分析即可」或「資料愈多愈好」都太籠統了。通常在不知道目的與限制的情況下投入作業，不只會白費苦工，甚至會造成損失。前人常說：「過猶不及」，這裡面多少可以看到「手段目的化」或「機會成本」的影子。

舉例而言，我們常聽到有人試著分析成功企業，想要學習人家的優點。我自己受邀到各地去演講時，最後也幾乎一定會被問到「成功企業的祕訣為何？」之類的問題。

不過其實這沒有什麼意義，正如我前面說過的，如果連自己的公司都不了解，再怎麼模仿其他公司也於事無補。以《創新的兩難》（*The Innovator's Dilemma*）

一書聞名的哈佛商學院教授克雷頓・克里斯汀生（Clayton M. Christensen）曾說，很多經營者「明明不知道自己生什麼病，卻要人家隨便給一些良藥」。[2]

再重申一次，如果不知道自己生什麼病，即使索求或吞下「良藥」，也絕對不會好轉。然後一獲得「良藥」就安心下來，不再像過去一樣努力，或是眼見沒有好轉就遷怒，指責第一線人員，這些行為不過就是機會成本罷了。

二〇一七年九月，田徑選手桐生祥秀創下日本首位一百公尺跑進十秒的紀錄，掀起話題熱議。然而，在他之前創下一九九八年亞洲運動會十秒多紀錄的伊東浩司選手，卻沒受到輿論的關注。換句話說，日本選手為了突破這〇・一秒的極限，整整花了十九年。

關於這件事，曾經指導伊東選手的日本東海大學名譽教授宮川千秋表示：「伊東是靠著持續不懈的速度訓練鍛鍊身體，再加上長期肌力訓練，才在二十八歲創下十秒多的紀錄，但有愈來愈多年輕選手卻在體格還沒練成的階段，就光模仿他進行激烈的肌力訓練。」

---

2 Christensen and Raynor（2003）。

此處必須清楚認知的事實（evidence）是，若在不了解自己的情況下，一味模仿成功人士或成功企業，最後不僅無法達成最初的目的，甚至有可能弄壞身體或失去自己的優勢，蒙受比機會成本更嚴重的損失。

所謂的「學習」，並不是尋找良藥或成功案例，當成知識「囫圇吞棗」或「強記」，而是必須在了解自己的前提下加以「活用」才行。

許多企業連基礎管理的作業基礎成本法等資料分析都沒做到。在未充分理解公司現狀的前提下，若試圖活用資料分析，最終也只會使分析變成目的，增加機會成本而已。

## 2 洞悉資料分析的三大陷阱

分析純粹只是手段而已，並不是目的（至少在企業經營的觀點上如此）。當分析變成目的，由於有成果輸出，因此或許會產生「成就感」，但我認為所謂的機會成本，不僅是耗用在分析上的時間或資源而已，還很有可能因為埋首於分析中，而製造出看不見真正重要事物的重大陷阱。以下介紹三個重大陷阱。

## 一、過度相信過去的資料與趨勢

首先，不用說也知道，資料是過去的東西。除非搭乘時光機，否則不會有所謂「未來的資料」。當然，很多時候，過去的趨勢是預測未來最好的方法。

不過，那與盲目相信過去的資料是兩回事。我在「計畫」的部分也提過，如果過度相信（過去的）資料造成今日的局面，那麼一點點趨勢變化的「徵兆」，也很容易被當作「例外的異常值」而遭到忽略（圖表3.1）。

這裡或許有點簡化過頭了，不過①的圖示所顯示出來的是，X軸的變數與Y軸的變數成向右下傾斜的（也就是負的）相關關係。那麼②的情況又如何呢？

這個右上角的資料（★）要如何解釋呢？如前文在「計畫」當中所說的，當建立的「假說」是向右下傾斜時，這個右上角的資料被視為「離群值」或「例外」而遭到忽視，或是視而不見的情況也不在少數。不過事實真的是這樣嗎？

舉例而言，說不定關係並不是單純的（一次函數式）向右下傾斜，而是二次函

**圖表 3.1** 資料趨勢與「離群值」的解釋

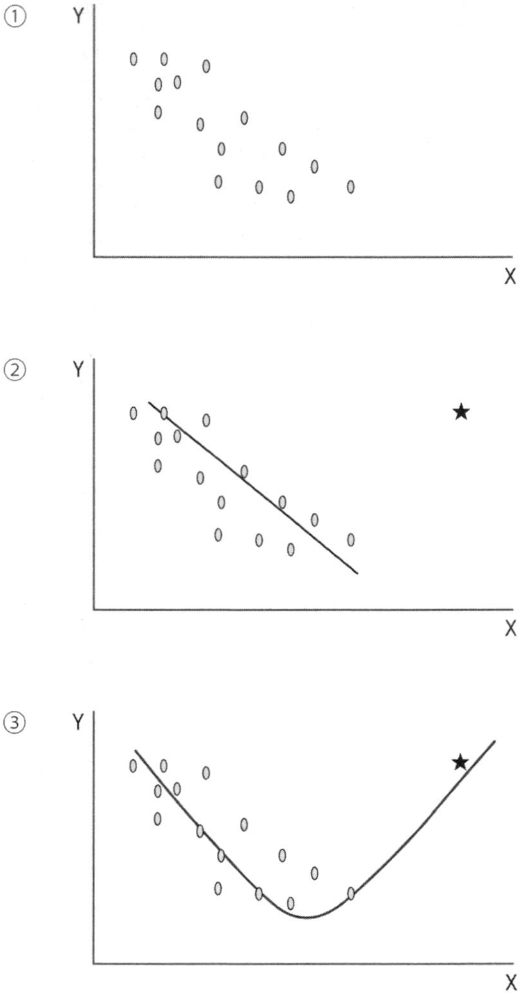

數式的（學術上以U型曲線等來表現）相關關係（③）。當說到「常識」或「就是這樣」，或者有假說等「偏見」存在時，即使「分析」相同的事實，往往也會導向不同的結果或錯誤的結果。

## 二、誤以為眼前的資料就是全部

第二個陷阱是，「只能夠取得測量得到的（客觀）資料」。這也是當然的，儘管取得資料的方式與時俱進，即使是看似十分曖昧且困難的事物，如今也有可能數據化了。

不過有一點必須知道的是，很多時候看不見的概念（例如需求）是用看得見的指標來代替，其中存在著各式各樣的前提或誤差（專有名詞稱作建構效度（construct validity））。

此外，「問卷調查」的題目設計也可能有誘導性，或者有樣本合適性的問題（亦即所謂的「抽樣偏誤」），其中的陷阱不知凡幾。[3]

3 請參考清水（二〇一六）第一部「書籍篇」的第三章。

## 三、以為資料愈多愈好

第三個陷阱是，資料並非「愈多愈好」。日本卡樂比（Calbee）的松本晃前CEO指出，過去的卡樂比是在「駕馭艙經營」的名下，使用大量資料制定計畫作為經營方針，結果淨利率卻非常地低。

「根據資料經營」聽起來確實很科學、很帥氣，但制定計畫這件事情本身卻在不知不覺間變成目的，一份資料喚來更多資料，搞到最後變得非常複雜，根本不知道什麼是什麼。英文當中也有一個詞叫「analysis paralysis」（分析癱瘓）。

由於我們對於「資料」一詞沒有抵抗力，因此很容易產生越多越好（More is better）的想法，盲目認為「好不容易有這樣的資料」，或是「以月為單位不如以週為單位，以週為單位不如以日為單位」。不過資料唯有在目的確實，而且能夠有效運用時才有意義。

雖然在某些情況下，分析或制定計畫本身也有意義，但那一旦變成目的，對於分析這件事就會產生「欲望」，想要愈做愈精緻的動力也會提高。一旦沒有按照分析進行，就會有人開始說：「分析得不夠充分。」想要收集更多更多的資料，做更多的分析，結果又變成指標太多，無所適從，無法執行，所以要做更詳盡的分析……像這樣陷入泥沼的狀況並不少見。

事實上，最近的研究也發現，資訊量與決策的品質並非成正比。就像「超載」一詞，雖然到某個時間點為止都是成正比，但一旦資訊「過多」，人就會無法消化那些資訊，決策的品質反而會下降。有研究家指出：「簡單的問題要依據資訊分析做合理的判斷，複雜的問題要追隨直覺。」

從麥肯錫合夥人到自行創業 DeNA 的南場智子女士，在《笨拙經營》（不格好経営—チームDeNAの挑戦）一書中提到以下內容：

顧問總在追求資訊。沒辦法，那是工作。收集、分析資訊到難以置信的程度。然而，成為事業創辦人以後，我切身體會到的是，在實際執行之前收集到的資訊都不算什麼。

真正重要的資訊，唯有成為當事人才能得到。所以在採取行動之前，不厭其煩地提高資訊的精確度，一旦超過特定程度就會變得非常沒有意義。如果因此錯失時機的話，反而是本末倒置，罪加一等。（中略）……

對於事業領導人來說，「選擇正確的選項」固然重要，但「把選擇的選項做得正確」的重要性也有過之而無不及。不管是決定或執行，領導者最需具備的不就是膽量嗎？……（中略）……顧問業不是容易培養膽量的地方。

據說卡樂比還曾為了一項「不知道是否真的正確」的政策，花了三年時間計畫，再用十三週去檢討，後來檢討時程也拖延許久。雖然大家一開始可能想過：「如果把這些時間用在其他地方，會不會比較好？」但如果這已成為公司的「文化」，員工也有可能會說不出口，或者根本不會產生這樣的疑問。

最後也請不要忘記：「從大數據可以了解到的是相關關係，而非因果關係」。有相當多的報告會把這兩者混淆，有時幾乎讓人懷疑是不是故意為之。

**資料分析的陷阱**

一、忘記資料是過去的事物，只重視過去的趨勢，而忽略「離群值」。
二、忘記資料只能夠取得可以測量的事物，誤以為眼前的資料就是全部。
三、認為資料「More is better」，不斷收集資料並持續分析。

## 3 資料分析的「客觀性」極限

另外還有一大極限是（不過是在某種前提下），資料分析是客觀性的。雖然這件事情非常好，但反過來說，也會造成「依據客觀性的分析＝每個企業都會得到相同的結論」。因此，雖然有可能因為不做資料分析而輸給競爭對手，但做了資料分析也不見得就能達到差異化。

第一章提到的哈佛商學院蒙哥馬利教授也提出過類似的論點。[4]

算算大約從二十五年前開始，就有人將策略視為分析性的問題解決方法，屬於左腦型的作業。因為有這樣的認知，還有「策略可以賺錢」的說法，開始出現一種叫MBA企管碩士或策略顧問的專家。他們或她們用架構或技巧武裝，指導業界分析或優異的策略，成為經營者的優秀參謀。……（中略）……

4 Montgomery（2008）。

策略離大局性的目的愈來愈遠，遭矮化為競爭遊戲的計畫。

此外，如今在MBA課程中已堪稱經典的《哈佛商業評論》，也有一篇一九八九年的論文〈策略意圖〉（*Strategic intent*）提出相同的見解說：「策略在引起關注的同時，已逐漸失去活力。」[5]

許多經理人學習到市場區隔、價值鏈、標竿、策略群組、移動壁壘等概念後，變得很會製作產業地圖。然而，在日以繼夜埋首於這種分析的過程中，敵對企業早已移動了整個大陸。

稍微岔題一下，在日本製造業席捲全世界的一九八七年，一橋大學名譽教授野中郁次郎在《哈佛商業評論》上指出：「相較於美國的經營者，日本的經營者很少依賴大眾市場研究，通常都由高層或中階主管親臨第一線，依據少數的定性資料進行直觀判斷。」[6]

這完全就是明茲伯格教授所說的「策略思考」（strategic thinking），也就是經營者充分運用過去累積的經驗或自己的思考，創造出全新洞見的統合（synthesis）。

這樣一想不免讓人思考，日本企業之所以說失去活力，會不會是因為混淆了「策略計畫與策略思考」，而不是因為麥可・波特（Michael Porter）教授所說的「缺乏策略」[7]的理由（當然，應該還有很多其他原因）。

我們在採用美式經營、MBA、策略諮詢等「分析型」管理的過程中，是不是丟失了最初「以策略思考為基礎的統合」目的，一味執著於過去（的榮耀），而忘記未來（的風險與可能性）了呢？

資料分析具備客觀性的這項前提，會成為經營決策的「保證」。因為資料這樣講，所以不僅可以做出沒有前例的決定，一旦失敗也可以拿來當藉口：「沒辦法，因為資料就是這樣講的。」（這一段也可將「資料」代換為「顧問」）。

久而久之，開始有組織呈現出「資料＝決策」的姿態，喊著「因為資料這樣講所以這樣做」，或「因為沒有資料所以風險太高了」等等。雖然參考資料是很重要

5 Hamel and Prahalad（1989）。
6 Johansson and Nonaka（1987）。
7 Porter（1996）。

的一件事，但資料分析存在著「過去」與「可測量事物」的雙重制約。想要光靠資料分析做決策（以達到差異化），無異於光看後視鏡開車的行為。

想來是不是有很多經營者，以及在其底下工作的人，都很努力地製造「藉口」、「退路」與「正當化」呢？例如，一方面（覺得）必須保護員工，另一方面又感受到來自股市（正確來說是分析師）的業績成長壓力（壓力會從社長一路向底下蔓延）等等，在多方的壓力之下，是不是在不知不覺之間，開始把「採取什麼樣的行動最不容易被攻訐」、或「最容易說明」當成行動準則，而不是「自己真正想做什麼」呢？是不是把精力浪費在「製造藉口」的試算表或簡報上，讓關鍵的制定策略作業變成「更多的藉口」呢？在這過程，談論的策略並不是真正意義上的策略，進行的分析更是刻意為之的機會成本。

經營判斷具有濃厚的賭博性色彩。在美國《商業週刊》彼得・杜拉克（Peter Drucker）追悼特集中，再次提及他的想法：「Every decision is risky: It's a commitment of present resources to an uncertain and unknown future.」[8]（每個決定都是冒險的：以現有資源承諾一個不確定性以及未知的未來。）人資公司瑞可利（Recruit）出身的倉田學曾尖銳地指出：「市場調查是過去的資料分析，這是算數。行銷是考量未來人們的感受，這是國語。」9

再重申一次，沒有風險的策略，只會帶來沒有差異化也沒有報酬的結果。雖然不用「割自己的肉」就能「斷對方的骨」是再好不過的事，但如果有那麼完美的方案，誰都會搶著去做吧。那只是幻想或一時性的熱潮而已。資料分析就算可以用來支持決策，也無法代替決策。

如果有上司表面上說：「策略是差異化。」但當部下提出嶄新提案時，卻又表示：「其他公司有這麼做嗎？」或「做這種沒有前例的事，萬一失敗你要負責嗎？」這樣的人沒有資格談論策略。

**資料分析就算可以用來支持決策，也無法代替決策。**

---

8 *Business Week*, Nov. 28, 2005.

9 倉田（二〇〇六）。

4

# 分析是悲觀的來源，具備樂觀的意志才能活用策略

以下再次確認分析與策略的不同。

明茲伯格教授認為，策略擬定中所需的「策略思考」與「制定計畫（策略計畫）」或資料分析，是似是而非的概念。「策略思考」的本質不僅包含那些資料，更在於經營者充分運用過去累積的經驗或自己的思考，創造出全新洞見的統合。忠於透過策略思考而生的策略，經由執行過程學習新資訊，並讓策略持續進化，這樣的持續性循環才能算是策略管理。[10]

此外，明茲伯格教授還提出兩件重要的事，一是事業負責人要忠於策略擬定，另一件容易被忽略的是，正如前文多次提及，領導者光是依賴制式化的分析程序，絕對無法建立有意義的策略。

其實關於這一點，也與前述蒙哥馬利教授提出的說法有非常相似之處。在她的

10 Mintzberg（1994）。

**圖表 3.2 ▶ 關於策略的誤解**

| | 經常聽到的方法：策略＝問題解決 | 遺失的想法：策略＝動態的過程 |
|---|---|---|
| 企業的目標 | 長期的持續性優勢 | 價值的創造 |
| 策略擬定的領導者 | CEO 與顧問 | CEO 才是策略擬定者，不可委外處理 |
| 策略的「形式」 | 以左腦式分析為基礎、不可變更的計畫 | 採納新資訊、持續進化的有機式流程 |
| 時間軸 | 短期集中的策略擬定後，進入相對長期的執行階段 | 每天反覆進行策略擬定與執行，沒有「結束」的時候 |
| 執行方式 | 長期堅守現在的策略 | 長期強化優勢，讓企業不斷進化 |

出處：依據Montgomery（2008）編製。

論文之中，有一張容易理解的比較表（圖表3.2）。

直覺、經驗、膽識與情感一樣，無法輕易與人類切割。既然如此，不會只有負面，應該也會有正面的時刻。試想，所謂「直覺」不一定只有負面的意思，例如「野生的直覺」在日文中用來比喻創業家敏銳的判斷力，在大前研一的《企業參謀》一書中，人腦的「非線性統合力」也是最先出現的重點。哥倫比亞大學商學院教授希娜・艾恩嘉（Sheena Iyengar）同樣強調「以資訊為基礎的直覺」（informed intuition）的重要性。

有人說：「樂觀是意志的力量。」雖然在阿蘭（Alain）的《幸福論》（*Propos sur le Bonheur*）中，「悲觀出自情緒」，但在管理的世界裡，可以代換為「悲觀出自分析」。無論是市場、競爭力，還是策略，都沒有所謂的「絕對」。風險無所不在，分析得愈詳實，就會發現愈多風險因子；分析得愈仔細，當然會愈悲觀地心想：「該如何是好？」

說來說去，假如沒有風險，其他公司早就展開行動了，甚至不必借用法蘭克·奈特[11]的話也知道，為了獲得利益，尤其是中長期的利益，勢必得冒一些風險才行。當然，也有可以避開風險、只享受好處的次佳策略，但得先有最佳策略，才會有次佳策略。如果沒有第一隻跳入水中的企鵝，說不定大家就會餓死。

如果揭開風險的是「分析」，那麼即使有風險也要堅持到底的氣概與忠誠，就是出於「（樂觀的）意志」。沒有意志基礎的分析，絕對不會得出「有捨才有得」的想法。

是以，「（樂觀的）意志」在管理中是不可或缺的。對於充滿惡意的未來，除非磨礪自己的「價值觀」與「經驗」，培養出能夠信任「直覺」的「膽識」，還有一旦做出判斷就會付諸實現的「毅力」，否則再多的分析也無法為了「策略性」，亦即為了達成重大的目的，而做出「割肉」或「捨棄」的決定。

「深入挖掘資料，接下來就相信自己的膽識吧。」這句話出自英特爾（Intel）前ＣＥＯ安迪．葛洛夫（Andy Grove）之口。你是不是從未懷疑分析的重要性，卻對自己軟弱的意志視而不見，把「沒有資料無法判斷」或「都是資料的錯」當作藉口呢？在網際網路消除資訊落差，但未來仍舊難以預測的現在，恐怕沒有任何一個時期更需要ＫＫＤ（直覺、經驗、膽識）了吧？

我想也正是因為有ＫＫＤ與背後的「細心謹慎」，分析才得以存續。不知道在哪聽過一句話：「如科學家一般分類，如匠人一般做選擇。」將分析發揮到最大限度，與坦蕩蕩地主張ＫＫＤ的行為並不相悖。

關於直覺的重要性，我已在拙作《領導者的標準》（リーダーの基準）中用一整章的篇幅去討論，因此這裡僅就形象上的範疇，比較「野生式直覺與投機式直覺的差異」（圖表3.3）。我認為「野生式直覺」之所以不容小覷，是因為這是一種為

---

11 法蘭克．奈特（Frank Knight，1885-1972），經濟學家，曾提出奈特氏不確定性。是芝加哥經濟學派的先驅與重要奠基者之一。其論文《風險、不確定性與利潤》（*Risk, Uncertainty, and Profit*）對經濟學有深遠影響。

**圖表 3.3　直覺（野生式直覺）與投機式直覺的差異**

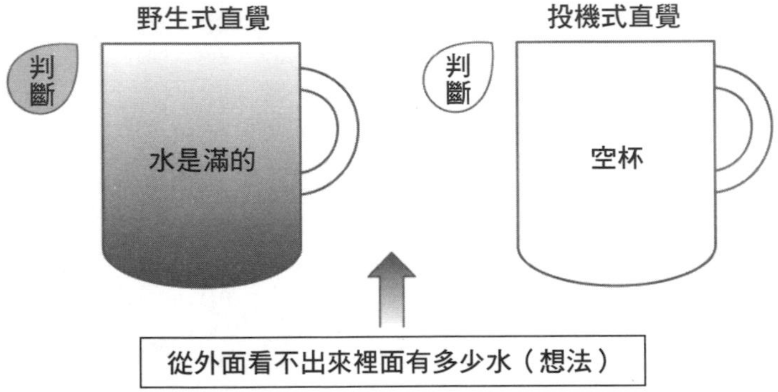


出處：清水（2017）p.95。

了生存而拼命注意各種細節，有任何差池都會謹慎以待，從思考中誕生的直覺。

明明是憑ＫＫＤ決定策略卻進展不順的原因有兩種，一是嘴上說著ＫＫＤ，實際上卻缺乏經驗與直覺，沒有真材實料；二是執行決策的人，執著於自己狹隘觀點（這也是ＫＫＤ的一種）下的分析或資料，而未忠實發揮決策者本人的ＫＫＤ。

在必須做出決策時無法做出決策，是最大的機會成本。「不做決策」就是維持現狀，不做出任何改變，也是不有效利用機會。進一步來說，或許是對迫在眉睫的危機毫無作為。磨練直覺並開始相信自己的直覺，都必須經過「徹底思考」才能得到不是嗎？我想南場智子女士提出的「膽量」也是如此。

揭開風險的是「分析」；即使有風險也要堅持到底的氣概與忠誠，是構成策略根基的「（樂觀）意志」。一味地重複分析，並不會得出「有捨才有得」的策略性決策。

5

## 資料分析的真正價值

資料本身是過去的東西，再加上資料分析存在一定限制，在只能測量到可測量事物的前提下，關於制定或執行策略的資料分析二・〇，真正的價值究竟在哪裡？

此處再重申一次，策略計畫的制定本身建立在許多前提之上，因此營收、市占率、利潤等成果，只不過是「參考標準」而已。話雖如此，如果能夠與員工、廠商，還有包含股東在內的利害關係人共享參考標準，一方面應該能夠加深方向性優劣的溝通，另一方面也能針對策略進行討論。

另外還有兩件更重要的事，一是說來說去，策略本身雖然是經營者的直覺式統合，或者說直覺很重要，但真正要確認當中有沒有問題，資料分析還是有其作用性。事實上，人類在成見或偏見之前是非常脆弱的生物，即使是經驗再豐富的經營者，不，很多時候反而經驗愈豐富，愈容易受限於過去的成功經驗，無法創造新構想，而且更棘手的問題是，那樣的偏見會「不知不覺」、「無意識地」腐蝕經營者的腦袋。

也就是說，經營者會以為自己做出了最好的判斷、把資料看得很透徹，結果可能忽視掉與自己想法相左的資料，或是用「那是例外情形」加以推翻。

事實上有報告指出，即使是獲得諾貝爾獎的科學家，還是有很多想法是來自「靈光一閃」，或是錯誤的結果與偶然的發現，不過後續一定會用資料進行驗證。換言之，在實際上獲得諾貝爾獎肯定的發現背後，其實有成千上萬（或者更多）的「靈光一閃」在驗證過程中遭到否決。用動物行為學家日高敏隆的話來說，就是因為「科學是把主觀塑造成客觀的手續」。

明茲伯格教授認為，策略團隊成員的角色是提供客觀的資料分析或選項。如果負責策略擬定的經營者或事業負責人，在時間或業績壓力下沒有時間深思熟慮，或是「無意識間」受到過去經驗的牽制。此時，策略團隊成員的角色是同步收集過去經驗延伸軸以外的資訊，提供以往沒有的選項，給予刺激以避免決策僵化。必須根據客觀的分析資料，提出困難的問題，或質疑以往的前提真的是那樣嗎？嘗試給予決策者衝擊。

然後另外一件事情是，透過資料分析與策略計畫的制定，明確釐清「什麼是重要的變數」。這是「情境規畫」經常採用的手法。透過分析與計畫的過程，釐清什麼才是對最終業績影響最大的不確定因素，然後把那些重要的變數，例如顧客需求的變化、技術的變化，或交易當地的新興國家政策變更等，大幅度地檢視一遍，思考最壞或最好的情境，而不是按照過去的模式做計畫。

當然，這樣的事情或許不常發生，但設定這種「雖然架空、卻能打破過去框架」的情境，才能知道自己的思考極限，為將來做好更彈性應變的準備。所謂的「Plan is nothing, planning is everything」，就是這麼一回事吧。

資料分析的真正價值
一、直覺的客觀性驗證（和刺激經營者）
二、釐清重要的經營變數與其影響

# 6 無法從失敗中學習，是龐大的機會成本

不必特地翻閱畑村洋太郎教授將近二十年前出版的《失敗學的建議》（失敗学のすすめ），商場上到處都在強調從失敗中學習的重要性。說來說去，畢竟未來不可能一〇〇％預測，所以失敗也是理所當然。如今已經少有耳聞的本田（Honda）「No play, no error」（沒有錯誤，是因為沒有真的在工作）這句話，我認為現在才是最該出現的時候。

對於確實分析、累積並共享失敗資料的重要性，應該沒有人會反對。不過，明明大家一再強調「從失敗中學習很重要」，現實中卻是全世界不分西東，前進的腳步都非常緩慢。我在哥倫比亞大學商學院的朋友莉塔．麥奎斯（Rita McGrath）教

授，在《哈佛商業評論》上提出以下見解[12]：

在你的組織當中，從失敗中學習的效果有多好呢？問經營幹部從一到十分是幾分，對方都畏畏縮縮地回答：「兩分，不，三分吧。」……（中略）……經營幹部會隱瞞錯誤，或是表現出從一開始就算在基本計畫裡的樣子。失敗成為不可言說之事，由於太過擔心會阻礙自己出人頭地，便逐漸不再冒險。

不去從失敗當中學習，甚至明白這個道理卻遲遲不前進的一大理由，我想應該就是隨著計畫的目的化、聖域化，光是使用「失敗」一詞就會讓組織內的空氣凝結，變成每個人都低頭不語或是不能開口的氣氛。

事實上，我在美國撰寫博士論文時，一開始的題目是「企業在重要的策略決策失敗時，要如何應變？」，但訪談時卻必須改成「企業如何變更重要的策略決策？」。（最後的論文是以此類定性分析為基礎，使用大量的資料，分析在企業併

12 McGrath（2011）。

購案中，如果併購的公司經營不善，會在何時用何種理由賣掉那家公司。）

我們這些教授或顧問就是在這樣的狀況下，一路進行各式各樣的提案至今。例如麥奎斯教授曾提出以下「七大原則」（詳細內容請直接閱讀論文）。

一、在專案開始之前，先定義成功與失敗（的概念）。
二、把前提變成知識。
三、失敗要盡早。
四、「便宜地」失敗，抑制損失。
五、盡量減少不確定因素（陌生的事業很難從失敗當中學習）。
六、培養讚揚智慧型失敗的文化。
七、將學到的內容外顯知識化，並互相分享。

「原來如此，這樣做就可以了。」這些內容確實具有參考性，但應該沒有多少人如此恍然大悟吧？所謂的「理解」只是「知道」而已，「但還是做不到」恐怕才是現狀。畑村教授的書中也提到，建立「失敗資料庫」卻沒人使用的情況所在多有。

那要怎麼辦呢？

事實上，關於失敗這件事，看日本企業的海外併購案就知道，「投資龐大金額卻嚴重虧損，只好用併購價格的幾分之一賣掉」，這樣的案例不勝枚舉。[13]

既然付出這麼多「學費」（這當然包含金錢方面的支出，但也包括經營團隊的時間，還有與這些企業併購相關的成果，以及無法投入其他重要工作的機會成本等等），學不到任何教訓就太可惜了。「無法學習」應該可以說是「龐大的機會成本」。因此，當然必須釐清導致失敗的原因，活用於將來的決策上，避免重蹈覆轍。

不過如前所述，現階段依然有非常多「沒有（無法）從失敗中學習」的企業與組織。例如，我自己也三不五時在課堂上或企業研習中，採用哈佛商學院教授艾咪·愛德蒙森（Amy Edmondson）的個案「挑戰者號決定發射的團隊歷程」（這是非常好的個案，無論日文或英文都討論得很熱絡）。

13 附帶一提，雖然日本企業的確特別多這種案例，但歐美企業也時有所聞，像是戴姆勒（Daimler）併購克萊斯勒（Chrysler）、時代華納（Time Warner）與美國線上（AOL）合併等等，是我最喜歡的研究主題。舉例而言，請參閱 Shimizu（2007）。

一九八六年，挑戰者號升空失敗，理應經過徹底改革的NASA卻又在二〇〇三年，發生哥倫比亞號從太空返航途中爆炸的事故。美國總統的顧問委員會言詞辛辣地貶斥道：「NASA根本沒有從一九八六年的挑戰者號悲劇中學到任何教訓。」

也有些企業雖然不到這種程度，但每隔幾年就爆發醜聞鬧上新聞版面，或是很多企業從未記取教訓，嘴巴上說企業併購的風險很高，卻還是積極採取行動，最後以失敗告終。

既然如此難以達成，或許表示「從失敗中學習」就像鍊金術一樣，如果做得到當然很棒，但其實在本質上恐怕是有限制的，也就是「做不到的事情，投資再多還是做不到」。當然，這並非指不要從失敗當中學習，或是不要投資的意思，只是我認為有時候我們都低估了「從失敗中學習」的障礙與弊害。

所謂「從失敗中學習」的障礙，不僅是單純的政治性障礙，也就是「不承認失敗」的障礙，從反向的觀點來看，其實也包含「真的是失敗嗎？」的議題。已故松下幸之助說過一句非常有名的話：「成功的關鍵，是尚未成功之前絕不放棄。」舉例而言，佳能（Canon）在推出影印機、印表機等成功商品之前，其實已經花費將近二十年的時間研發，據說連研發負責人都換了三次；近畿大學在黑鮪魚完全養殖成功之前，也花費了三十年以上的時間。

「何時承認失敗，何時放棄」其實並不是那麼簡單的問題。很多企業案例都顯示，「裁員」裁掉的不僅是過去的負數遺產，連將來的可能性都隨著「虧損」一併拋棄了。

雖然有時也會覺得，「話雖如此，應該還是有很明顯的失敗吧」，但像索尼併購哥倫比亞影業（今索尼影業），雖然一直被說是失敗，《華爾街日報》也一直寫到有關「何時出售」的議題，但從一九八九年迄今已過三十年，對於是否「失敗」的問題至今依然意見分歧。

如果從支付的金額來說，我認為是支付太多了，但後來硬體部門嚴重虧損時，支撐索尼的是娛樂部門（與金融部門）。不過，說到「是否達成最初併購的目的，也就是結合硬體與軟體，達到加乘效果呢？」答案恐怕是NO。

還有一個問題是，即使說要釐清失敗的原因，也不是那麼容易的事。要說「是領導者不好」也確實如此，但難道換了一個領導者就會改善嗎？沒有改善的企業（或政黨）依舊多不勝數。

傑西潘尼（J. C. Penney）這家美國連鎖百貨公司曾以「ＣＥＯ是業績不好的理由」解雇ＣＥＯ，並聘請蘋果零售店成功的大功臣羅恩・詹森（Ron Johnson）為新ＣＥＯ，但業績卻持續惡化。結果後來也解雇了詹森，重新找回原本不被看好的前ＣＥＯ。除此之外，「失敗的原因」還有景氣問題、網路問題或匯率、地緣政治方面等種種問題，真要列舉起來，恐怕沒完沒了。

在這種狀況下，有些企業明明組織了「外部委員會」，花費大筆成本探究原因，結果在三個月或半年後的報告中，得到的卻是「前經營團隊無法擺脫過去的成功經驗，允許持續投資虧損部門」等，這種大家一開始就知道的曖昧結論。

換句話說，「從失敗中學習」的努力或投資，事實上說不定是「機會成本」。用於「釐清失敗原因」的時間或成本就不必說了，更嚴重的是大家一直把失敗掛在嘴邊，導致公司內部氣氛逐漸惡化，員工灰心喪志。像獵捕女巫一樣尋找犯人，卻反過來強調不是自己，用這樣的藉口在公司內部橫行，然後一股風潮蔓延開來，不僅對過去的專案而已，連對未來的專案也採取「避免成為犯人」的保險舉動或規避風險。

最極端的例子是，為了想強調「從失敗中學習」，而從此不再進行相同的專案，可能是海外發展，也可能是企業併購。當然，如果只是為了要提高營收，或是因為其他公司也投入相同領域而失敗的話，再次返回公司的原點是很重要的，但捨棄如此重要的選項，與將來的重組並無二致。

這無疑就是畑村教授所說的「輕率的失敗言論」，像是「做那種事情也不會順利發展」或「我以前也做過，但沒有用，所以還是放棄比較好」。

關於「從失敗中學習」一事，機會成本是非常重要的議題。雖然毫無所學是一種投資的浪費，但對於沒有效果的努力，做再多投資也不會改善公司業績，甚至會占用到原本必須投入的項目資源，如果大家都只重視規避風險，那樣不僅沒有意義，還會帶來負面影響。可能信箱裡會出現大量的ＣＣ，開一場會議也會有來自各部門的人，但其中卻沒有「真正想參與那個專案的人」。

如果到最後，大家的當事者意識愈來愈淡薄，只知道以專案失敗為前提，努力準備失敗的藉口，而不是投入專案做出成果，公司根本不可能會變好。這絕對不能是「從失敗中學習」的悲慘結局。「撰寫精緻華麗的失敗報告」絕非目的。

必須用「既然都發生了，那也沒辦法，再接再厲吧」這種輕鬆的態度去克服失敗才行。

「從失敗中學習的努力」，事實上或許是機會成本。

CHAPTER

# 4

# 團體共識與機會成本

1

# 停止「愈開愈多」的會議

會議太多的情況時有所聞，通常都是抱怨一整天時間耗在會議上，或是一直在做對內的工作，無法處理面對客戶的工作（順帶一提，曾經有某家巨型銀行的經營企劃負責人，對我說過這番驚人的自白：「我參加了這星期的所有會議，但『客戶』這兩個字一次也沒出現過。」）

當然，有些工作比會議更重要，或許是經營顧客業務，也或許是獨自思索自己部門或商品的策略，但如果為了參加沒有意義的會議而無法做這些事情，機會成本是無法衡量的。**「浪費時間的會議」當然最好立刻停止，策略性思考公司整體的資源分配時，會議或許是必須割除的「肉」**。

歸根究底來說，究竟為什麼要召開那樣的會議呢？恐怕有幾個理由：若以組織理論來說，我想組織的慣性（inertia）是主要的理由之一。所謂組織的慣性，即「試圖維持現狀的力量」，但很多時候，原本為了某個目的而召開的會議或者規定，即使沒有那個目的，也會「因為是既定的事情」所以繼續執行。這場會議究竟是為了共享資訊、為了決定某些事情，還是只是為了做腦力激盪呢？

或者有時即使有目的，但由於參與者的認知天南地北，因此什麼也沒達成。如果新進員工詢問：「為什麼要開這場會議呢？」還被上司斥責說：「這是公司的慣例。」或「你先做好自己的工作再說。」似乎不太合理。

反過來說，有時對於「會議的目的」似懂非懂，至少有很多大家沒有共享的部分，結果莫名找到題材之後，就順水推舟繼續開會，每次產生新的「目的」，會議就愈開愈多。大量的說明書或構成「官僚作風」的繁複規定之所以會蔓延，也是同樣的原理。

會議愈開愈多的另一個理由，恐怕是參與者太多的緣故。可能有讀者會心想：「咦？不是相反嗎？」參與者與會議的數量，照理說應該成反比才對。以全公司性的案件來說，即使在參與者有限的各部門會議中做出決定，還是必須再次召開部門間的會議才行。如果是所有相關部門都參加的大型會議，只要召開一次即可。

不過實際情況不會如此順利。首先，參與者愈多時，當事者意識愈淡薄。心理學有一個著名的「在電梯裡掉落文件」的實驗。如果當時搭乘電梯的人只有兩、三人，那些人會立刻幫忙撿起來；但如果是十人，就不會有人這樣做，因為大家都認為「應該有人會幫忙」。

在實際發生過的案例中，有一起是「紐約曼哈頓的槍聲」。當時在高級住宅區傳出槍響與尖叫聲，一般人會想，糟糕，是不是殺人事件，但實際上巡邏車卻過了三十分鐘以上才來。這並不是因為紐約市警察怠忽職守，而是因為通報太慢了。每個人都覺得「應該有人會打一一〇報案（美國是九一一）」，結果誰也沒採取行動。

然後與這一點共同構成惡性循環的，是會議參與者的召集方式：「或許會與他有關，所以先把他也叫上吧。」這樣被點到名的參與者，真的會懷抱當事者意識積極參與嗎？為了避免「沒叫到重要成員」的機會成本，基於保險起見而召集各部門、階級的參與者，實際上卻導致所有參與者的當事者意識都降低，也無法充分共享目的，最後根本不會有任何有生產力的結果。

如此一來，只會一再重複「那就再開一次會」的情形。這是為了使機會成本最小化，卻在不知不覺間最大化的可惜案例。「堅持成見而看不見現實」，也是組織慣性的一種類型（心理慣性）。

會議、說明書、規定，很多時候因為組織慣性的緣故，即使目的消失了也會繼續執行下去。一旦會議出席者很多，當事者意識會變淡薄，結果導致會議時間與次數增加，擴大機會成本。

## 2 組織整合的迷思——為什麼團隊缺乏幹勁？

我在美國的大學、MBA與博士課程教的是經營策略，但在慶應商學院大多都教組織管理相關的課程。一般商業人士聽到「組織」，大概都會聯想到「組織圖」。在企業研習中也有人會誤解，以為我會教他們「什麼樣的組織架構對公司比較好」。

其實組織架構本身只需要「常識」就夠了。劃分組織的主軸只有五、六種（功能、商品、顧客、地域、管道等），即使包含組合這些的「矩陣」在內，也不是什麼太複雜的東西。如果你心想：「這樣我們公司的組織調整算是相對較多的了」，那麼恐怕是有什麼地方弄錯了。

面對「即使調整職能分配或組織圖也無法解決」的本質性問題，到頭來，所謂的組織力關鍵並不在於部門的劃分方式，而在於（無論採取何種劃分方式）劃分之後如何完成部門之間的整合。

無論採取何種形式劃分，部門之間一定會產生對立，「垂直管理的弊害」或「溝通不順暢」等問題會造成資訊或資源的囤積，導致應變不及或機會流失。因為無論如何，人類是一種歸屬意識很高的生物，一旦劃分部門，自然會對其他部門產生敵對意識。甚至有心理學的實驗結果顯示，即使只是隨機分組，也會產生「自己人」與「他人」的意識。

因此在許多情況下，組織調整只不過是暫時用來「敷衍了事」的對策而已，不久之後又會再一次組織調整……錯誤的問題，即使用盡渾身解術也不可能解決。雖然經營企劃的成員或許會有「充實感」（也或許是充滿了「無可奈何」的疲憊感），但應該把更多時間用在其他地方比較好吧。

這樣一講，或許有人會覺得「讓部門之間的感情更好就行了」或「互相體諒與讓步是很重要的」。（詳細說明可以參考我的其他著作。）總之部門從一開始就妥協的組織，是脆弱的組織。一個組織的業務或研發如果會說：「經費再少一點沒關係。」代表各個部門從一開始就放棄或缺乏拼勁，認為自己無法達成目標。從結果來說，等於對其他部門也很寬容，也就是一個「互相舔舐傷口」的組織。

所謂對其他部門很寬容，意思就是輕易對結論妥協而不坦誠表明意見，表面上假裝要消除機會成本，實際上卻是毀掉從「各種意見」中產生新構想的機會（後面將討論的多樣性也是如此）。如此一來，不僅沒有一個部門擁有「無論如何都要達成目標」的強烈責任感，甚至即使無法達成目標，也會大言不慚地搬出「因為我們幫助了○○部門，所以這也是沒辦法的事」作為藉口。

在這之中發生的「整合」，不過就是消去各個部署所有特徵與使命後剩下的，不痛不癢的（最大）公約數罷了。搬出「其他部門反對」的名義，優先處理「不會掀起風浪」的事，並制定出非常現實、實際上卻只是在蠶食過去積蓄，只會愈來愈萎縮的策略（姑且不論這是否真的能夠稱為「策略」）。原本最應該達成的目標，遠遠拋在一邊。

部門整合的原意，應該是在各部門徹底主張局部最適的情況下，重新檢視從各部門或整體組織來看的「強項」，思考透過部門的整合與協作可以將「強項」放大到幾倍。

部門之間沒有對立的組織，乍看之下好像很少發生會議時間等機會成本，實際上卻是脆弱的組織，欠缺集合多方意見、追求從局部最適到整體最適的熱情。

3

## 矩陣式組織，可以跨過一座又一座的高山

欲解決部門之間的意見相左、利害對立，可以想到的方法之一是矩陣式組織。舉例而言，如果是進軍海外的企業，可以指派一名員工同時在事業部長與區域部長（例如中國區部長）底下做事。如此一來，由於事業部門與區域部門的意向會傳入雙方耳裡，因此比較容易進行調整。有時這也稱為「組織的橫向串連」。

不過，有一點絕對不能混淆的是，「容易調整」並不代表「可以輕易調整」。「容易調整」的，顯然是事業部門與區域部門意向交會的那一位員工，因為「對立明確」，明顯是面臨兩方完全相反的意向。正因為對立夠明確，才有辦法進行調整。

既然如此，讓隱藏或捨棄的對立表面化，才是矩陣式組織的本質。在這層意義

下，負責人將無處遁逃，即使感覺更辛苦也不意外。如果無法理解本質，矩陣式組織就無法維繫。

因為日產汽車（Nissan）的戈恩改革而出名的跨功能團隊（CFT），可說是一模一樣的概念。之所以建立跨功能團隊，是為了「調整」所謂的「蛸壺」或「局部最適化身」的各個功能部門，例如製造部門、業務部門、研發部門等功能部門之間的利害。

不過一旦建立跨功能團隊，最先發生的事情不是「調整」，而是「對立的表面化」。仔細想想，這是一個理所當然、而且重要的步驟（在許多組織中都因為團體迷思或一些顧慮而被模糊掉）。儘管如此，一旦啟動跨功能團隊，對立升溫，就會開始有經營者認為「不太對勁」或者「不應該是這樣才對」。

跨功能團隊並非萬寶槌。反之，很多組織擅於見風使舵或精明狡黠，往往選擇避免正面衝突，結果明明用盡各種方法，卻在遲遲沒有執行、效果無法提升、不知道原因何在的情況下逐漸衰落。

那要如何進行調整呢？

如果更高層的長官可以下達判斷（例如當事業部長與區域部長對立時，由事業本部長、責任董事或社長出面），事情就簡單多了。不過他們通常都沒有時間消化大量的意見，也缺乏第一線的直覺。

因此，假如是事業本部長要做判斷，為了不讓事情開天窗，幾乎一定會有「員工」隨行，從底下取得各種資訊來協助事業本部長。這套模式愈做愈大，當不太清楚「現狀」的事業本部長愈想做出正確的決定，對於資訊的需求就會愈高，結果可能底下部門在公司內部的地位也提升，大家都誤以為只要會做精美的投影片就是「良好的管理」。於是決策延遲、公司成本提高、業績惡化、「矩陣式組織沒有用」，這就是導致組織反覆進行重組的典型模式。

最直接的正面進攻方式，就是各負責人或責任部門長官集合在一起，討論如何進行調整與整合。由於必須在會議中坦誠地討論，因此需要相當的時間與精力。畢竟為了「調整」必須坦誠說出一切，這也是理所當然的。**如果認為這樣麻煩的討論是在浪費時間，也把這視為機會成本的話，組織絕對不可能變好。明明是無論如何都必須跨越的高山，卻總是在半路折返，所以才會覺得浪費時間。**

此外，最終用來調整利害的「基準」也必須設定清楚才行。那既是「目的」，也是「企業理念」或「價值觀」。意見隨立場改變而截然不同的狀況會一再出現，是矩陣式組織的「優點」，而**唯有層次更高的「企業理念」或「公司目的」充分滲透，才有可能解決這些超越過往基準或規則之上的矛盾**。

戈恩在日產改革中成功的地方是，正面處理這些對立而不妥協。換言之，他是運用這樣的對立，再次確認並共享「企業理念」與「價值觀」等「目的」。

以歐洲為根據地的艾波比（ABB），分布全世界約一百個國家，是擁有十二萬四千名員工的電力與自動化技術領導企業。在這個企業，一向由立場各異的領導者（高層、中階）處理這些繁複作業。負責的部門長官被賦予許多權限，可以自行討論後，進行以全公司最適為目的的「調整」，成功發揮矩陣式組織靈活運用豐富資訊的優點，並同時達到迅速的決策。

當然，員工即使在面對上司時，也被要求坦誠地闡述己見。作為實現「小公司」的企業，他們能夠頻繁出現在管理書籍上，就是因為付出許多讓矩陣式組織得以發揮作用的心血與努力，還有讓這件事付諸實現的人才。

> 矩陣式組織的本質在於「對立的表面化」，必須要有處理對立的決心、努力與人才，才有可能發揮作用。

4

# 共識太慢的理由與誤解

說到會議，日本人經常會使用「事前疏通」一詞。這與「會議目的」也有關聯，例如所謂的經營會議或執行會議等管理高層的會議，原本應該是用來各抒己見，「全力對決」一番後才決定經營課題的方針。

話雖如此，假如責任部門先去向每一位董事說明，取得「私下承諾」後才召開會議，那麼會議本身就只是個象徵，或者說表現出「大家一起決定出來」的樣子而已。如果是好幾個高薪主管聚集在一起（而且還不是在總公司），跑到遙遠的觀光設施打高爾夫球順便做決定，基本上別說是機會成本了，根本就只是成本而已。

那麼為什麼「事前疏通」會如此氾濫呢？

用一句話來說，大概就是因為「沒有事前疏通就開始討論的話，部門之間或責任董事之間的意見會出現分歧，使得會議混亂失序」，所以為了讓會議更具「生產力」，才要進行事前疏通吧。

儘管知道要讓對立表面化，才有辦法進行調整，卻仍然選擇避免對立或由總公司做出某些調整，苟延殘喘地維持營運，我認為這可以說是日本從古至今的組織典型。這應該是把和諧或團隊合作嚴重誤解為「小心翼翼，不惹是生非」的結果吧。一再用「必要之惡」作為藉口，不去正視真正的問題，結果就是連機會成本的發生也沒注意到。

除此之外，最近仍然能在像是英國《經濟學人》等報章雜誌上看到分析，日本傾向於共識型決策，所以速度很緩慢。我認為這個說法有一半正確，一半錯誤。不是因為追求共識才緩慢，而是因為不知道必須在何時之前做出決定，所以才如此緩慢。

無論是員工或指揮員工的高層，都必須對於「何時之前一定要做出決定」，保持等同、或者更甚於「必須要決定什麼」的敏銳度。不可以因為聽了別人說一句「日本企業偏好共識，所以決策做得很慢」，就自虐地滿足於「反正我們就是做不到」的心態中。此外，對於「太早做決定的失敗」與「太晚做決定的失敗」，日本似乎更加忌諱前者，甚至稱之為「拙速」。

雖然並不是說所有情況下都這樣，但若比較「太早做決定的失敗」與「太晚做決定的失敗」，應該是前者比較有時間進行修正或重來，更容易給人希望不是嗎？

另外還有一點不能忘記的是，通常時間拖得愈晚，問題會變得愈複雜，或者更加缺乏資源。

我認為，日本企業還有日本國民為了維持本身的（第一線的）優秀表現，對於在準備不足的階段發出行動指令都感到相當排斥。

在《十倍勝，絕不單靠運氣》一書中，將股價表現提高到業界股價指數十倍以上的企業命名為「十倍勝企業」，並試圖解析那些企業與企業經營者與其他企業差異何在，作者特別強調「十倍勝企業並不是在任何時候都很迅速」。

換句話說，重要的是有基本認知：「太早行動的話，有時會提高風險。但如果太晚行動，有時也會提高風險。」並在決定與行動之前，清楚了解有多少時間，並將那些時間資源活用到極致。

說得更極端一點，如果從整體來看，多花一點時間比較好的話，那麼即使要支付罰款，多花一點時間才是正確解答。再次重申，機會成本指的絕不是只考慮到每一個單獨情況的概念。

「不做決定」是一種懸而未決的不適狀態，因為那就是一種不明確的狀態。京都大學名譽教授中西輝政也在著作《變動時代的思考技術——國關大師教你如何想得比別人更透徹》中，提出類似的見解，例如：「人往往受不了得不到答案的事，經常在情急之下做出錯誤的判斷」，或是「煩惱、困惑、嘗試錯誤，才是深化思考的訓練場」。

我想日本的經營者也不要只在對自己有利時，才唱衰共識或日本式經營，對於更本質性課題的敏銳度，應該要更加提升，包括「時機」或「何時之前必須做決定」等。有時間時，除了省思自己的半途而廢，同時也要追求更好的決策，不知道各位覺得如何呢？

組織的決策不是因為要取得共識才變慢，而是因為對於「必須在何時之前做出決定」的時機敏銳度太低，所以決策才如此緩慢。

# 5 如何建立團隊信任？廣島棒球隊的再出發

在廣島東洋鯉魚隊達成中央聯盟二連霸的隔天，二〇一七年九月十九日《日刊體育》上登出一篇報導名為〈投手與野手的爭執……成功克服危機的廣島強項是？〉據說他們絕非一帆風順的常勝軍，先前也曾在五月六日的阪神戰中，遭遇被對手逆轉九分之差的「甲子園悲劇」，並經歷投手與野手的互相指責，當時幾乎是瀕臨潰散的程度。

（甲子園悲劇數日後）選手開始行動。由中間選手帶頭，投手與野手促膝長談。氣氛十分凝重。然而，這樣下去將沒有修復的一天。野手方的力道強大，甚至開始飄散出低迷時期持續許久的「投手與野手背道而馳」的氣氛。為了互相了解。不是互相叫囂，而是互相溝通。

去年為什麼能夠奪冠呢？奪冠需要的是什麼……他們重新認識「共同的目標」，並花時間修正軌道。……（中略）……

正因如此，他們也才能夠克服八月的「橫濱惡夢」。隊上最年長的新井從春季集訓開始便積極約年輕選手吃飯，不斷傳達一體感的重要性，於是他在初戰之後逐漸看到變化。「（野村）祐輔是最先接受（今村）猛的，他們互相說了『對不起』與『抱歉』。年輕的（中村）祐太也站出來喊聲。野手也都聚集過去。我覺得那是一幅很棒的畫面。應該也有黑田選手的『遺產』吧。」最重視一體感的黑田選手，也用自己的背影引領他們邁向該前行的方向。

正如現代管理理論之父切斯特．巴納德（Chester Barnard）所提出的，組織是為了達成個人無法單獨完成的工作而存在。組織如果擴大規模，自然需要劃分職能或部門。一旦劃分職能或部門，各自的任務也不盡相同，就連只有九個人的棒球隊都會產生位置之間的對立。那與其他位置的負責人很討厭，或是其他部門都在玩樂之類的原因，都沒有關係，純粹是一種想把自己的任務做到盡善盡美的認真態度而已。前文說：「沒有對立的組織是脆弱的。」就是這個意思。

不過另一件重要的事不用說也知道，就是「合作」。我想沒有人會反駁這一點，但說到要在什麼時候用何種方式合作比較好，目前還沒有一個確切的答案。應該也有人在想，「合作」與「妥協」究竟哪裡不同吧？

當然，基於組織的重要目的、理念與任務，應該會有「當然必須合作的部分」。不過此處要重申的是，在職能或部門劃分開來的時候，各個部門會有很多各自認為有助於達成整體組織目的的堅持，如果認為只要能夠共享「目的」就能自動達到整體最適，是一種對現實一無所知的不成熟觀點。目的共享，即使是必要條件，也不會是充分條件。

那要怎麼做才好？從現實上來說，我想答案依組織而異，但有一點共通的是，向其他人或其他部門承認自己的不足，例如試著開口說：「幫幫我。」以廣島的例子來說，我想他們口中說的「對不起」或「抱歉」，就相當於此吧。

在組織當中理所當然的是，「擅於工作」或「優秀」是受到期許與高度肯定的。在那樣的環境底下，即使是從出人頭地或受人肯定的點來說，大家也會想要盡量隱藏自己的弱點，而且實際上也有許多努力的人「為了矯正自己的弱點，利用晚上去學校學習」。

不過要在各方面都保持卓越是不可能的事。如果說策略的基本概念是「把有限的資源重點投入公司的強項，以達到差異化」，那麼相同的道理也可以套用在部門或個人身上。

在有限的資源中，如果要發揮自己的強項，讓組織活躍發展，勢必得由其他人來彌補自己的不足之處。為此，必須能夠承認自己的不足，請求他人的協助。進一步來說，這完全不是頂頭上司獨自一人做到就好的事，每一位組織成員除了要發揮各自的強項和專長，連弱點和短處也要互相分享，互相彌補不足之處，這樣組織的力量才能真正發揮。

現實中要說出「幫幫我」這句話，困難度會隨著地位的提高而增加。我在學會上結識的西北大學（商學院以大額捐款的企業命名為「凱洛格」）教授說過一句令人驚訝，卻又不得不認同的話：「我一向會在企業家班上，請大家先做『請求幫助』的練習。」

「能夠向人展現弱點」背後代表的意義是，「即使展現自己的弱點，其他成員也不會取笑或輕視我，大家都願意伸出援手」的這種心情，已經遍布於組織當中。[1]承認弱點並不是損失，而是激發其他人與其他部門表現能力的機會。

1 清水（二〇一七）；參閱 Lencioni（2002）。

除此之外，「能夠向人展現弱點」還會進一步使人「不害怕說出錯誤的意見」、「不害怕表達反對意見」，因為大家都知道，就算說錯了什麼，只要老實承認錯誤就不會有任何問題。

事實上，在組織中「請求幫助」，不僅不會被視為無能，提供協助的一方幾乎都會高興地伸出援手，對於自己能夠有所貢獻感到驕傲，並且進一步加深合作關係與信賴關係。

DeNA 創辦人南場智子女士過去來訪慶應商學院時，也曾提起過一名「率領年長資深員工的年輕領導者」。那位年輕領導者一開始充滿幹勁，好像覺得自己「不可以被小覷」，可是工作卻一直很不順利。據說他不管再怎麼努力都是白忙一場，最後搞得身心俱疲，團隊也「瀕臨崩潰」，幾乎走投無路。

然後在無計可施的狀況下，聽說他的一句話，成了改變團隊的「轉捩點」，那就是：「我是個沒用的主管，請大家助我一臂之力。」據說底下那群經驗豐富的員工聽到這句話以後深受感動，決定團結起來幫助他，最後更蛻變為一支最強的團隊。

缺乏信賴，亦即無法坦承揭露自己的弱點，就是一個無法開誠布公進行討論或是會隱藏問題的組織，結果將無法孕育出眾人齊心協力改善組織的忠誠心與責任感，總是以「在不製造事端的範圍內完成工作」為優先，而非「為了目標而齊心協力克服困難」。

當然，沒有忠誠心的組織自然對結果沒有執著，在組織中蔓延的東西只剩下藉口與互舔傷口而已，而且看不慣的員工還會陸續出走，導致惡性循環持續加深。

目的共享，是合作的必要條件，而非充分條件。
所謂組織內的信賴，就是願意展現自己的弱點。
唯有展現自己的弱點並請求幫助，才能夠獲得協助。

## 6 亞馬遜領導力準則的啟示

亞馬遜標榜「所有員工都是領導者」，對這些「領導者」，也就是「員工」要求遵守十四項基本行動準則。[2]其中一項是「Have Backbone；Disagree and Commit」（有骨氣；保持懷疑，承擔責任）。詳細的說明雖然也有日文版本，但我覺得無法充分傳達出貝佐斯真正的感覺，因此刻意採用英文版本。

*Leaders are obligated to respectfully challenge decisions when they disagree, even when doing so is uncomfortable or exhausting. Leaders have conviction and are tenacious. They do not compromise for the sake of social cohesion. Once a decision is determined, they commit wholly.*

意思就是說，無論會被人說是不懂得察言觀色，還是會製造摩擦，使事情變得很麻煩，亞馬遜的員工只要無法接受就必須反駁（挑戰）到底。不過，在說完所有想說的話以後，最後即使得到完全相反的結果，也必須一〇〇%服從那樣的結果。

每次我在幹部研習等場合提到此事，絕對會得到這樣的反應：「老師，那是因為人家是亞馬遜啊。這在以和為貴的日本企業是不可能的。」

這樣的反應讓人很想回答：「這樣啊，那就沒辦法了……」但請各位稍微思考一下，正如第一章也提過的，說到亞馬遜的貝佐斯，他不僅把股東或分析師的意見當耳邊風，冒著虧損的風險投資雲端、隨選視訊，還在二〇一七年收購全食超市（Whole Foods Market）後，嘗試將觸角伸展到零售店面、配送業務，並在印度等海外地區大筆大筆地投資，是一名碩果累累的強力領導者。他在二〇一八年的《富比士》上獲選為「世界首富」，恐怕可以說是蘋果的史帝夫・賈伯斯（Steve Jobs）去世後，全美國最「有成就」，或者說全世界最「有成就」的CEO也不為過。

在那樣的CEO底下，當然會聚集很多充滿野心又積極進取的幹部或員工。相較於日本的組織，美國的組織，尤其是西岸的組織原本就比較扁平化，裡面應該都

---

2 欲參考亞馬遜詳細員工準則，請見 http://www.amazon.jobs/principles

是不在意上下階級，有話直說的員工，而且如果不是那樣的個性，應該也無法存活下去吧。

我並不認為因為亞馬遜是那樣的公司，所以才說：「Have Backbone；Disagree and Commit」。如果換個說法，改成：即使是像亞馬遜那樣的公司，他們的員工應該也會有「想要輕鬆一點」、「要是反對他的話，之後事情變得棘手就糟糕了」，或是「雖然還有話想說，但我已經累了，所以就點到為止吧」的想法。正因如此，亞馬遜才要那樣特地提出領導者的基本宣言，好讓大家充分認知到吧。

多樣性所強調的重點，並不在於有不同性別或人種的人，公司自然而然就會變好，而在於形形色色的員工坦誠分享不同的意見，由眾人共同發揮出更好的創意。那是一件很麻煩的事，而亞馬遜深知這一點。

反之，認為「凡事以和為貴，所以無法反駁」的日本企業，是從一開始就放棄發揮組織力量的不戰而敗。再說，假使在那樣的組織中真的有「和」好了，恐怕也不是真的以信賴為基礎，而是以不想惹是生非的投機主義為基礎吧。

擔任顧問的蘿契・柯普（Rochelle Kopp）指出：「日本人很勤勉，但很多人工作不是因為喜歡，而是出於義務感或恐懼感。」[3]

在失戀的歌曲中，常會出現「討厭我也沒關係，但請別忘記我」之類的句子。通常大家會認為「喜歡」的相反是「討厭」，但聽說其實是「漠不關心」。

同樣的道理也可以適用在組織上。雖然還不至於說「吵得愈兇，感情愈好」，但經常發生衝突、爭執的組織，其實並沒有那麼差。吵架，雖然一方面代表不夠成熟或太情緒化，但另一方面也表示大家可以互相說真心話。至少彼此之間有可以發展為信賴的「種子」。

在前往海外工作，尤其是透過企業併購收購海外企業時非常重要。因為當碰到價值觀相異的異文化人群時，彼此能夠清楚理解「有何相同，有何差異」，或可稱之為麻煩爭執的「對話」是不可或缺的。

另一方面，很多隱藏真心話並表現出友好氣氛，從不爭執的組織，問題往往更加根深蒂固。就像有一個詞叫「假面夫妻」，這種組織或許就是「假面組織」。不知道其他部門在做什麼，也漠不關心。即使工作沒有成果，也只要討論時不說真心話，裝出「互相關照」的樣子，不要沒事找事，公司就會看起來風平浪靜，但也不

3 〈我的異文化交流術〉《日本經濟新聞》二〇一五年六月二十九日。

會注意到內部正逐漸腐爛。

讓各種企業成功重建、現為三住集團總公司資深主席的三枝匡，在其著作4中指出：「一般而言，企業的業績惡化與公司內部的危機感並不相關，反而可以說是負相關。換言之，很多時候業績愈差的公司，氣氛往往愈鬆懈，業績好的成長企業比較會繃緊神經。」結果有骨氣的員工陸續辭職，巧言令色的員工繼續作威作福……變成讓人不太樂見的組織，然後逐漸走向衰弱、死亡。

連亞馬遜都公開強調對立的必要性，嘗試與員工共享活用多樣性、不逃避繁瑣流程的概念。

「喜歡」的相反是「漠不關心」。

筆記A

## 為什麼日本企業無法順利進軍中國與亞洲市場？

伴隨日本高齡化與少子化的市場成熟，如今已經近在眼前。對於許多日本企業而言，一味執著於日本市場無疑是放棄成長，海外擴張與全球化是纏鬥已久的新課題。過去雖然也有以汽車製造商為首進軍歐美市場，或是為了降低成本而將工廠移到海外的成果，但對許多日本企業而言，投入成長顯著的新興企業，尤其是亞洲市場，是最重要的課題之一。

不過，視為最重要的課題是一回事，並不等於一切都水到渠成了。雖然除了汽車企業之外，味之素、花王、貝親（Pigeon）或無印良品等成功企業，也經常成為大眾媒體的焦點，但現實卻是失敗的案例反而遠多過成功的案例。

當然，遭遇挫折的並不是只有日本企業而已，根據波士頓顧問公司（BCG）二〇一三年的調查，在新興市場的開拓上，期待與現實差距最大的就

4 三枝（二〇〇六）。

是日本企業。[5]事實上，一九九五年的《財富》世界五〇〇強還有一百四十九家日本企業，二〇〇九年已經劇減為六十五家。

或許有人會想，原來如此，果然亞洲市場充滿變數，尤其是中國市場，應該困難重重吧。不過請試著思考一下，如今連在美國市場的地位都已堅若磐石的豐田（Toyota）或本田，在一九五〇年代後期初次參與時，技術力其實遠低於美國車（例如有些車加速力很弱，連高速公路都上不了），起步相當艱辛。

想到他們今日都發展出如此成績，那麼既然擁有技術力或商品力遠遠凌駕於當地企業之上的「日本品質」，又為何會發展得如此辛苦呢？如果最大的問題在於市場的話，味之素、花王、貝親等企業的成功也就無法說明理由了。

對於日本企業的苦戰，麥肯錫的顧問就曾提出五個處方箋：①對於全球化的重要性與在當地提供的價值，需充分與員工建立共識；②將英語設為公用語言；③積極任用多樣性的人才；④建立全球行銷組織；⑤追求全球性的綜效。[6]

我認為這樣的建議並沒有錯，但除了②以外的項目，一般大企業應該多少都有在進行。舉例而言，只要試想前述四家企業與其他企業在這些點上有多大的落差，應該就知道邏輯上的謬誤了。

在這樣的問題意識之下，二〇一二至二〇一四年，我與 PwC 會計師事務所成員共同合作，針對大型日本企業的海外責任董事進行超過二十家企業的面訪調查，名為〈有關日系企業全球化的共同研究——以在新興國家獲取成功的啟示為目的〉，並在此中發現一些非常有意思的事。這項調查同步彙總在 PwC 的網站上，而我也進一步撰寫成學術論文對外發表。[7]

首先，若整理日本企業在新興國家的基本方針與現狀認知，幾乎共通的部分可以彙總為以下五點。

- 活用過去磨練出來的商品力與技術力。

---

5 The Boston Consulting Group（2013）。

6 Iwatani, et al.（2011）。

7 〈有關日系企業全球化的共同研究——以在新興國家獲取成功的啟示為目的〉二〇一四年一月（https://www.pwc.com/jp/ja/japan-knowledge/archive/assets/pdf/kbs-keio-globalization140131.pdf），論文則包括 Shimizu（2014）等等。

- 避免價格競爭（避免與當地企業競爭）。
- 鎖定高端市場，避免大眾化產品。
- 必須深入了解當地狀況（包含政府對策），提高行銷力。
- 雖然遭遇挫折，但經過嘗試錯誤以後，總算（順利地）切入當地市場。

這些內容並不算特別新奇，尤其活用在日本市場磨練出來的技術力，透過以高端為主的高額附加價值，達成差異化的方針，與「發揮強項」這項策略的方向是一致的。

不過令人匪夷所思的是，根據各種來源收集到的資料顯示，儘管幾乎所有面訪企業相比當地或歐美的競爭對手都落後一截，但他們身上卻沒有太多危機意識或苦惱感。可以感覺到的是，他們一邊強調要「嘗試錯誤」，卻滿足於「不上不下」的成長，或沉溺於「反正就這樣」的自暴自棄心態。

另一件令人在意的事情是，通常發展得愈是辛苦（甘於忍受比競爭對手低的市占率）的企業，愈常提出亞洲、中國市場的問題（市場難以預測、物流尚未成熟、法規朝令夕改等等），言談中經常出現「不確定性」或「意料之外」

等字眼。

當我進一步在成員之間深化這樣的問題意識，並經過更多次的追加面訪之後，得到的結論是，許多日本企業似乎把「進軍亞洲市場」一事變成目的，只要成長到比日本市場更大就滿足了。他們似乎認為，即使市場本身或競爭對手的年成長率達到二〇%，但在日本市場早已處於成熟的狀態底下，只要亞洲部門的成長達到一〇%就足夠了。

這樣一想就不難明白，為什麼會有許多像行動裝置事業那樣，明明是以「高端」路線切入市場，卻在不知不覺間被當地企業超越，到頭來不僅沒有提高市占率，反而逐漸萎縮的案例了。

若以圖4.1表來說明，左側是投入亞洲市場時「看得見」的部分，而右側虛線部分則是「看不見」的部分。「看不見」的部分正逐漸化為現實，但總公司的董事會似乎還「看不清楚」或「拒絕面對」。

不免令人懷疑，與其說大部分日本企業明明有技術力與商品力卻失敗了，不如說因為有技術力與商品力，才會在不知不覺之間驕矜自喜，寧可高高在上擺出「賣不好都是因為市場的文化水平太低」的姿態，也不去熟悉市場，只會

**圖表 4.1** 日本企業進軍亞洲市場的「看得見」與「看不見」

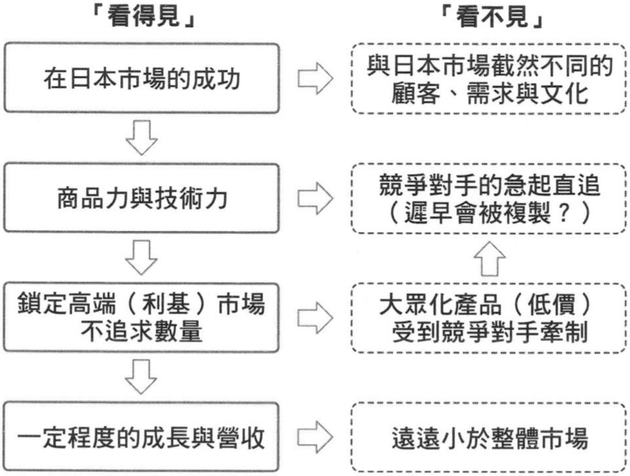


重複過去的成功模式，而不學習新事物。不，甚至說是拒絕學習新事物呢？

我們遇到的許多企業，儘管都曾在歐美市場吃過苦頭，但明顯有二個問題：

一、一旦轉移到亞洲市場，就會不知不覺犧牲在一種「不僅包含技術力，也包含歷史背景在內的，近似優越感的」偏見之中。

二、同時，也以他們是新興國家為由，忽視市場本質上就相異的事實，看輕當地市場或認為市場尚未成熟且不甚了解，所以

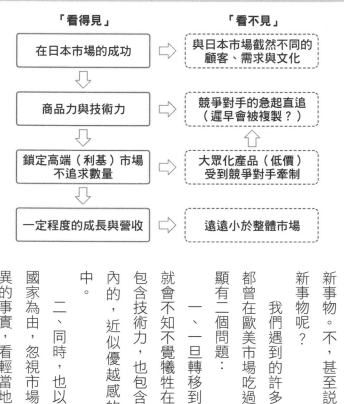

**圖表 4.2** 日本企業進軍亞洲市場的問題結構

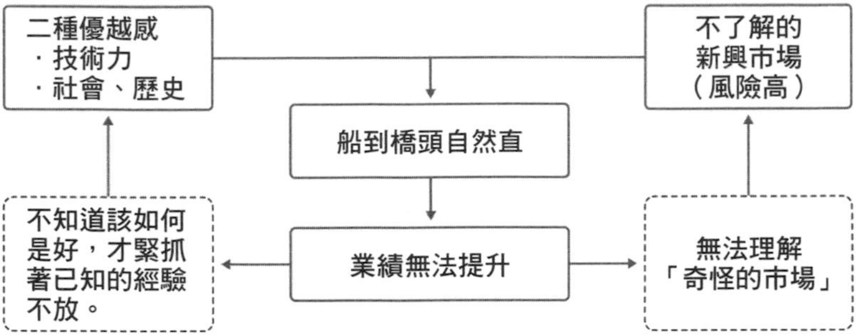


不願意冒險，結果自始至終都依賴著來自日本的謹慎策略（deliberate strategy），無法根據新的發現建立新的策略（emergent strategy），導致營運每況愈下（圖表4.2）。

進而言之，在那種偏見存在的心態下，由於企業認為自己執行的是最佳策略，因此也讓人感覺他們並不清楚發展不順利的真正原因。所以才不得不提出「不確定性」或「意料之外」等外部環境的問題。

在這種優越感與偏見混合的狀況下，會不斷重複「因為風險很高，所以不太投資」、「因為不投資，所以業績沒有提升」、「業績沒有提升，代表風險很高」的惡性循環。

於是，在無法理解真正的問題，卻又因

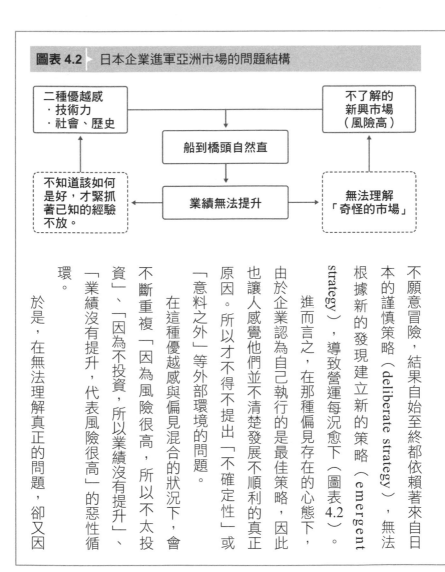

為沒有投資而無法學習的情況下，雖然擁有日本品牌或技術的優勢，或多或少可以盈利，但隨著當地企業努力急起直追，日本企業將失去應變的能力，結果導致業績在「中國市場很奇怪」或「無法理解」等「醉漢困境」中日益惡化。

這樣一想，麥肯錫顧問列舉出來的五點與其說是因果關係，不如說是相關關係。我估計這可能是「只從失敗企業身上尋找失敗理由」的取樣偏誤結果吧。這項調查再次提醒我們，一味關注容易看見之處或顯眼特徵的危險性、偏見的可怕性，以及執行的重要性。

# PART III

# 決策後悔的機會成本

## ——不斷追求完美只會愈來愈不安

將討論出來的計畫告知執行團隊全員時，最好明顯表現出「唯此方法」、「絕對可行」的信念。其實內心相當迷惘，也非常恐懼，但藏起這一面，能夠讓成功機率大幅提升。

堅定團隊的突破力，遠大於迷惘的團隊，雖然這是常識，但我還是花了一段時間，才真正理解並實際學會這件事。

——南場智子

CHAPTER

# 5

# 「設法避免機會成本」的機會成本

1

# 「可惜」的心態更容易製造損失

這次在統整這本書時，我閱讀了好幾本含有「捨棄」關鍵字的書籍，像是《捨棄的技術》（捨てる技術）、《捨棄的力量》（捨てる力），或是《捨棄的勇氣》（捨てる勇気）等等。如果用日本亞馬遜搜尋，會找到五百筆以上的結果，但比起商業書籍，似乎更多是與整理、收納或生活方式有關的書籍。正如第二章也提過的，一旦自己擁有了，即使是（客觀來說）沒什麼價值的東西，也會認為是有價值的，可見這種無法捨棄的「稟賦效應」有多大。

不過說來說去，好像還是有許多不同年齡層的人，因為各種理由而「煩惱於無法捨棄」，其中一大理由就是「可惜」。

的確，一旦捨棄就代表拋棄了具有價值，或是說將來可能有價值的東西或事業，這樣好像會發生機會成本。

不過從現實角度來想，大家很容易忘記的是，「不捨棄」絕對不等於「沒有成本」。保管物品本來就會耗費「管理成本」。在市中心的狹窄公寓中，替洋裝騰出一塊空間，自然會發生一筆不動產成本。

就像亞馬遜的「長尾」一樣，在某些情況下「存貨成本」會因為網路而大幅減少，但我認為那必須在考量到「機會成本」的前提下，自問是否適用在個人或公司身上。

為了對抗成本低的新興國家企業，連一塊錢也要節省的「可惜」心態，的確是重要的經營基礎。像是社長搭飛機只坐經濟艙、出差盡量使用打折票券、上市企業董事在東橫ＩＮＮ住宿等行為，在在令人起敬。

不過問題在於，是否在不知不覺間，變成了「使用任何東西都不好」。為了追求費用的節約，結果忘記那只是手段，到頭來真的有達成「目的」嗎？而且，其中往往會發生遠遠超過節約程度的機會成本。

其中之一是出於「可惜」心態而樽節，結果投資也沒有達到達標所需的最低限度（閾值）。假如六十分及格，那麼五十九分其實與零分無異。

曾經一度稱霸網路，市價總額高達一千兩百五十億美元的雅虎（Yahoo!），在二〇一七年被美國通訊巨頭威訊（Verizon）以大約四十八億美元的金額收購下來，現在公司的名字已改為「Altaba」。

在這些盛衰榮枯背後比較不為人知的事情是，雅虎在二〇〇六年時曾經差一點買下Facebook（臉書）。當時Google才剛決定以十六・五億美元收購Youtube，雅虎則在數日後以十億美元的金額達成初步共識。

不過據說也因為雅虎本身股價低迷的影響，所以「殺價」後的結果就是談判破裂。二〇一七年時，Facebook的市價總額超過五千億美元。可惜了！順帶一提，微軟曾在二〇〇八年時提出四百四十六億美元的收購案，也被雅虎以「太低」為由拒之門外。

其二是用「因為很可惜，所以盡量使用手邊現有資源」的名義「勉強湊合」，結果，就是輸給採用「最適手段」投入市場的競爭對手。

舉例而言，企業策略中的多角化「一般」都主張藉由綜效，在優勢勝於其他競爭企業的前提之下，有效活用既存的強項與資源，投入在可以推動得更有效果或更有效率的事業。反之，投入無法活用公司資源、或連知識背景也沒有的事業，則被形容為「飛地型」，像是泡沫經濟時期出現的製造業去經營高爾夫球場等例子，多半以失敗收場。

不過倫敦商學院教授馬凱斯（Costas Markides）很早之前就指出，「活用公司的資源」與「在競爭中勝出」是截然不同的兩回事。[1]他所說的失敗案例是，「假如某個事業的成功因素有三，而公司具備其中之一，所以就投入這項事業」。像眾所皆知的豐田基於「兩種事業都有使用到鐵」而投入住宅事業時，之所以成績平平，恐怕也是因為這個緣故。

其實另一個更重要的多角化問題是，如今很多企業投入新事業的心態都是「公司有這樣的資源，可以拿來做些什麼？」，或說得更極端一點，「公司有多餘的人力，可以拿來做些什麼呢？」反而很少有企業是考量到「想透過這樣的事業來達成這樣的目的，所以在必要的資源上，公司似乎可以加入競爭的行列」。

重點就是「剩餘資源的有效活用」，但如果以這樣的觀點思考新事業，勢必會（在無意識之間）受到「如何運用資源與人力」牽制，而非「如何在競爭中勝出」。與其說，這是冷靜地根據事業邏輯去思考策略，不如說是基於「船到橋頭自然直」的「期待」或「幻想」進行決策。如果推動多角化是因為「有多餘人力，所以創造工作」，而非著重企業的成長與競爭優勢，或是提高顧客滿意度，結果幾乎

1 Markides（1997）。

是顯而易見。

一九七一年開始營運的美國西南航空（Southwest Airlines）是著名的廉價航空始祖，包含拙作在內，許多經營書或論文都有採用他們的案例。雖然賀伯．凱勒賀（Herbert D. Kelleher）這位突破常規的經營者也很有魅力，但我個人認為最重要的一點是，為什麼這明明不是當今最紅的網路相關高科技產業或其他產業，但在人力、物力、財力，還有顧客資訊或知識上，理應擁有豐富資源的所有大型航空公司，竟然會被一個從德州偏僻鄉村冒出來的企業超越？而且模仿起來也不上不下，照理說，大型航空公司應該能夠享受規模利益，結果卻連成本都無法相抗衡。

詳細分析留給其他書籍，總而言之，原因就出在大型企業的「可惜」心態。西南航空為了用最低的價格提供顧客飛航之旅，堅持建立一套自己的成本結構。機體只有一種（波音737），因此不僅是保養或零件存貨成本，連技術人員與機師也都只有「一種」，隨時可以替換。另外，據說他們也沒有配合的旅行社，也不能夠指定座位，即使誤點也沒有任何的賠償。

反觀大型航空公司陸續成立廉航子公司，用以對抗西南航空。不過最關鍵性的問題是「現有資源的活用」，其經營心態大概是「反正我們有各式各樣的飛機，所以用那些就可以了吧」、「反正我們有配合的旅行社，所以就順便用一下吧」、「反正櫃檯有人，所以就……」，原本目的應該是靠「成本結構」取勝，後來卻變成「活用現有的資源」。

結果雖然每一項的成本都不高，但積少成多之下，根本敵不過徹底追求「成本結構」的西南航空。

事實上，日本半導體業界也有同樣的情形。我曾多次受邀出席某場會議，但曾經威風一時的日本半導體業界之所以凋零，絕對不是因為「缺乏技術力」，而是因為太有技術力，無法捨棄的緣故。

某大型企業雖然藉由提高原有技術，成功與新興企業開發出來的技術抗衡，但前副社長卻說過像是「有一次我去台灣的無廠半導體公司嚇了一跳」、「他們的製造工程簡單得令人難以置信，顛覆了我的常識」之類的話。

這就是哈佛商學院克里斯汀生教授命名為「創新的兩難」的現象。大型企業無法捨棄過去（輝煌）的技術，總認為「船到橋頭自然直」，所以不斷投入更多的資源，讓事情複雜化，最終逐漸敗給那些儘管粗糙卻很簡單的新技術。

這樣一想不免讓人懷疑，「經驗」究竟是什麼？所謂的「經驗豐富」通常都是正面的，但如果以「對照過去經驗來思考決策」的意思，這或許代表自己缺乏思考力，也或許反映出自己並未用心關注現實。

英特爾的高登・摩爾（Gordon E. Moore）與葛洛夫在決定撤出事業或高層人事異動時，都以具備「換作是新CEO……」或「如果接下來要投入（或聘用）……」等觀點著稱。我認為「重新歸零」一詞與「教科書式」一樣，並不像很多人所認為的那麼不好，因為那可以洗淨我們不知不覺間被組織的複雜給蒙蔽的雙眼，引領我們重回經營的原則。

「活用公司現有的資源」，很多時候並不是符合事業邏輯的最佳解，想要避免機會成本的心態反而會製造出更多損失。

所謂的「經驗很重要」，或許只是「沒有看清現實」而已。

2

# 無法放棄……承諾升級的成本

事實上，這種「無法捨棄」或「無法放棄」的傾向，是心理學與管理學中的一大研究主題，研究者從過去就提出各式各樣的案例與原因。例如蓋完水壩還需要數十億圓，但因為已經完工八成了，所以即使效果不太值得期待，也只能硬著頭皮蓋完，即為最典型的案例；另外，讓前東京都知事石原慎太郎說出「進也地獄，退也地獄」的新銀行東京，也是一例。

其他還有很多像是「協和號客機」或「蒙特婁世博」等大型研究對象，但也有像是「在美國職業籃球的世界，對於支付了高額簽約金的選秀狀元，即使成績不如預期，也有持續聘用的傾向」等研究。[2]

這種無視失敗並持續投入資源，造成傷口愈來愈大的現象，在管理學中稱為「承諾升級」（Escalation of commitment）。我想在日本也隨處可見類似的現象，

2 Staw and Hoang（1995）。

例如融資方的經營出現異狀時，如果當機立斷，只需要承受十億圓的損失即可，卻為了力挽狂瀾而追加融資十億圓，結果整整損失二十億圓；或是明明業績從展開新事業起從未提升過，卻在「或許總有一天會好轉」的期待下苟延殘喘。一言以蔽之，就是「陷入泥沼」之意。

造成這種「升級」加速的背景，包括沉沒成本謬誤（sunk cost fallacy）、自我正當化、規定（組織的慣性）、政治或社會壓力等各種程度不同的因素。[3]

倘若能夠注意到這些因素，應該不致於陷入泥沼中……話雖如此，但事情並沒有這麼簡單。為什麼呢？正如前文所述，因為未來的事情本來就不可能一〇〇％準確預測。不可能因為今天或今年發展不順，就斷言這個事業絕對沒有前景。此外，這個背後也有「放棄就等於承認失敗」的逃避責任式動機，不可能輕易斷言說：「直接放棄好了。」

每次與奇異（GE）的人談話，他們都說奇異投入併購不見得會順利，甚至根本不擅長等說法已是內部共識。儘管如此，（姑且不論最近的情形）說到至今為止順利成長的理由，那就是「當斷則斷的速度」。即使是經過反覆計算相乘效應、投資價值，以及長時間的交涉才決定好的併購案，他們也有能力毫不惋惜地捨棄對奇異來說沒有太多價值或不合適的事業。

同理，曾經為了「刷新」口味而耗費四年半時間研究開發並投資數百億圓，最後卻在短短兩個月內重新發售原味「可口可樂經典風味」的可口可樂公司，也可以說是這樣的企業吧。

雖然經常有人煞有介事地說，考試時「最好不要改掉一開始寫的答案」，但聽說那是錯誤的說法。在許多情況下，「改掉之後失敗了」的記憶比較深刻，才會流傳出這種錯誤的「神話」。如果有人懷疑這是假的，不妨回頭檢視一下自己公司以往的專案，看看及早放棄（或者說按照當初計畫選擇放棄）與苟延殘喘繼續投資，最後分別是什麼樣的結果。

是不是嘴上不斷強調「可能性」，實際上卻是為了自保或自我正當化，而反覆升級呢？在那樣的「升級」中，一邊覺得無效卻一邊追加的投資，或是內心覺得反正不會成功卻繼續工作的員工，如果能夠投資在其他專案或事業上，又會是什麼樣的結果？

3 有興趣的讀者請參閱清水（二〇〇八）或清水（二〇一八）。

據說三洋電機的創辦人井植歲男曾經提出避免紙上談兵、光說不練的「三切」[4]之說：「對於舊事物要勇於捨棄」、「對於新事物要勇於挑戰」，以及「合理地根據原則做出判斷」。看看日後的三洋電機如何發展就知道，這並不是如此簡單的事。

一旦投資下去，很多時候即使結果不好也「無法捨棄」。

3

## 太早放棄的機會成本

有一本著名的書叫《*Fumbling the Future*》，故事寫的是日後或許會被日本富士軟片（Fujifilm）收購的美國全錄（Xerox）公司，在仍堪稱美國代表性企業的一九七〇至八〇年代之間所發生的大成功與大失敗。（附帶一提，美國有很多人用「xerox」來指稱影印的動作。）

大成功是帕羅奧多研究中心發明出有可能成為個人電腦主流（實際上已經是

了）的滑鼠與圖形使用者介面（GUI）。大失敗是低估實用化的可行性，而太早放棄，因此等於捨棄了偌大的可能性（據說如果賈伯斯沒有造訪全錄，說不定就不會有今天的蘋果了）。

這是與「承諾升級」完全相反的例子。相對於承諾升級是因為可惜而無法捨棄（結果不斷投入資源在失敗的專案上，造成機會成本的發生），這種則是為了避免機會成本而太早放棄，眼睜睜看著可能性從正面溜走的機會成本。

順帶一提，fumble 一詞經常使用在美式足球等場合，指的是一度到手的球被弄掉在地上，那種懊悔的程度肯定是沒拿到球的好幾倍。

根據不久前美國一項調查顯示，新的家電產品平均需要六年才能建立市場，冰箱從發明到銷售甚至花了十八年才被市場接受。另外，正如前述，據說佳能的影印機、印表機等成功商品，換過三位研發負責人，還花了將近二十年的時間研發。

佳能電子的酒卷久社長曾說：「第一任被指責說：『幹嘛研發那種東西。』灰頭土臉地下台，第二任被說成是騙子，『嘴上說可以可以，結果根本一點也不

4 譯注：日文的動詞分別為「思ひ切る」、「踏み切る」與「割り切る」，故稱「三切」。

行』，到了第三任才風水輪流轉，總算開花結果。」

對於「該放棄還是繼續」的問題，並不是說用實質選擇權（real option）去評估，就可以輕而易舉地找出答案。

雖然有很多關於承諾升級的研究，卻幾乎沒有關於這種「太早放棄而失敗」的研究。「不願放棄而失敗」在現實中比較容易理解（雖然事實如何並不清楚），但是不是「太早放棄而失敗」卻很難釐清。

像全錄的案例就非常清楚，但還有一些案例，比如說微軟早在 iPad 出現很久之前就推出過平板電腦，或是百事可樂在英國銷售兩年有機飲料之後就放棄了。不過這些商品繼續銷售，是否真的能成功呢？或許是，也或許不是。但有一點可以確定的是，即使如此，市場上還是有「太早放棄」或「領先時代太多」的夢幻商品存在。

果敢挑戰這道艱難題目的人，是英國利物浦大學的杜拉蒙教授。[5] 她雖然以研究承諾升級為世人所知，但也引用英國石油公司（BP）在一九六一年發生的案例為佐證，探討在管理上是否也有相同的情形。當時英國石油在利比亞的油田勘探作業不順利，沒想到正式決定放棄後，負責人最後再挖了三公尺，卻發現世界上數一

**圖表 5.1 堅持 vs. 放棄**

| 促成堅持下去的主因 | 促成放棄的主因 |
|---|---|
| 過度自信 | 避免損失 |
| 沉沒成本 | 機會成本 |
| 自我正當化的必要性認知 | 承諾的風險認知 |
| （對於失敗這項指責的）否認 | 不願面對失敗 |
| 承認失敗的社會成本 | 正式發表的（投資）上限 |
| 再一下就能完成（completion effects） | 對於重審預算的抗拒心理 |
| 撤退成本／組織處於動彈不得的狀態 | 公司內部「局勢」的變化 |

數二的大油田。

針對「堅持承諾或放棄」的促成主因，她所提出的比較表相當具有參考價值（圖表5.1）。

此處必須注意的部分應該在於投資上限的效果，還有公司內部對於重審預算的抗拒心理。舉例而言，「三年單黑，五年累損一掃」就是時常耳聞的新事業「上限」。這具有預防升級的效果，只要規則確立，即可客觀地執行，而且負責決定「捨棄」的人也比較容易放手。因為即使「太早放棄」，也可以搬出「規則就是這樣，所以也沒辦法」為藉口。

5 Drummond（2014）。

此外，包含預算在內的「計畫」，同樣也是按照這套「規則」運作。不管是升級還是規則，任何人要改變決定好的事情，都必須耗費巨大的心力。

不過這與下一章的「實質選擇權」也有關聯，就是規則早在專案開始前就決定好了。換句話說，當中完全沒有反映出執行專案期間得到的各種重要資訊。借用南場智子女士的話，就是依據一些不重要的、「實際執行之前收集到的資訊」去做決定，很有可能過度局限住「把選擇的選項做得正確」的機會。

「堅持承諾還是放棄（或觀望）」是非常令人頭疼的問題[6]，甚至有人說經營的判斷就取決於這一點。但很可惜的是，此處沒有任何程式，可以讓我們只要輸入幾項數值，就能算出答案……畢竟事實就是如此吧？因為如此困難，所以才會有高低之分，有勝者敗北的時候，也有敗者一舉逆轉的時刻。

我認為把這些因素一一記在腦中，同時運用直覺進行判斷是很重要的。英國石油的案例說不定是像「距離下班還有一個小時，那再多挖一點看看好了」這種感覺，也或許是負責人似乎察覺到什麼，所以堅持「拜託，再多給我一小時就好」也不一定。

太早撤退所造成的機會成本難以辨識。
一旦決定好投資計畫，即便可以期待更大的報酬，通常也不喜歡重審預算增加短期成本。

4

## 「總有一天」就是每個星期的第八天

幾乎所有整理術的書籍都一定會提到這個主題：有很多書本、洋裝或小東西雖然現在沒有用到，但因為覺得「總有一天會用到吧」，所以實在無法狠下心來丟棄。

有一本書裡提到這樣一句話：「總有一天，就是每星期的第八天。」也就是「絕對不會到來的一天」。即使如此，我們還是對「總有一天」懷抱著一絲希望。認為「說不定會有什麼機會」，所以難以丟棄物品。

6 清水（二〇一八）。

換作商業的場合也不例外。我在美國期間曾採訪一家公司，他們的商品型錄一年比一年厚。「為什麼呢？」一問之下，對方回答：「裡面還有一些賣不太出去的商品，但我們想也許有一天會賣出去。」

商品型錄本身或許沒什麼大不了，但把那些「賣不掉的商品」持續刊登在型錄上，存貨就至少必須保留可以生產的體制。除此之外，業務不僅要熟悉新產品，連那些幾乎快過時的商品都必須維持相關知識。怎麼想都覺得不符合成本效益，但這就是經營團隊的「可惜」或「總有一天」等心態，逼迫到第一線的案例。

其實一模一樣的情況也發生在美國的大學校園中。通常在美國的大學（以我熟悉的商學院為主），每一堂課會有指定的教科書，其中有不少教科書都貴得離譜（不知道是不是因為很多教授都指定使用自己寫的教科書）。連一百美元高價也所在多有，而且每年還會愈來愈厚，價格也逐年提高。

有一次我特別詢問教科書公司的負責人，他說：「我知道這件事，不過如果刪減掉一些章節，萬一有老師是因為喜歡那一章才採用這本教科書，搞不好他們以後就不再用這本書了。」

說起來這也是無可奈何的事，但學生根本沒有時間仔細閱讀那些厚達四百頁的教科書，況且內容太多也讓人搞不清楚哪些才是最重要的，不禁令人心想，究竟是誰為了何種目的而使用教科書？

同樣的一番話也可以拿來形容各位錢包裡的會員卡吧？每一家店都給一張卡片集點，結果錢包塞得像卡夾一樣，但其中又有多少張實際使用到呢？

然而由於前述的稟賦效應，還有「在考試中更改答案的效果」，有時候碰巧有機會使用到已經丟掉的卡片，心裡覺得「真不巧」的情況，會殘留在記憶的某個角落，於是為了「避免再度失敗」，只好隨身攜帶所有卡片，但這樣真的好嗎？我總覺得錢包變得鼓鼓的（然後損壞）一點也不時尚，或是每一次都要從許多卡片中東翻西找，這樣的成本實在不算小，況且那是每一天的事。

再說，雖然這也是會員卡本來的目的之一，誘使大家去「可以使用會員卡的店」，而不是「販賣自己想買的東西的店」，幾個點數雖然彌補了減少的滿意度，但那真的是為了自己嗎？

久而久之，自己可以選擇的範圍和接觸新事物的機會，是不是愈來愈少了呢？然後最恐怖的是，「自己真正想要什麼」的那種感覺，是不是也在不知不覺間愈來愈遲鈍了呢？

相信有很多讀者知道什麼是「八十／二十法則」，或者是這個法則的基礎原理「帕累托法則」（Pareto principle）。從結果來說，根據經驗已知，人類或在人類的團體裡，前面二〇％會占整體活動或效果的八〇％（在一百名業務員中，前二十名業務員貢獻的業績會占整體營收的八〇％。在一百種商品中，銷量前二十名的商品會占整體營收的八〇％）。既然如此，如果讓會員卡或商品集中在前二〇％，把剩餘的時間或精力用於他途，不是比較好嗎？

當然，地震之類的災禍都是「在遺忘的時候來臨」，因此平時就必須做好準備。只是當準備工作壓迫到每天的生活，或是為了「總有一天」而天天忍耐，這樣不就本末倒置了嗎？

有堀啦Ａ夢之稱的堀江貴文曾在某本著作中，提出類似這樣的言論：「既然總有一天想要〇〇的話，為什麼不現在就去做呢？」這句話令人深感認同，因為要成就一件事，總是必須跨出第一步。

老是想著「總有一天」卻不採取行動，比夢想自己買的彩券會中獎還要無可救藥，因為你連彩券都沒買。「享受做白日夢的感覺」沒有什麼不好，但如果真的想要達成，別忘了那只是在浪費時間而已。就好像在說：「我只是還沒拿出真本事而已」一樣。

唯有「現在」就採取行動，「總有一天」才會到來。
等待「總有一天」的機會成本並不小。

5

## 免費的最貴

日文中有一個詞叫「贈品文化」，像是海洋堂的模型玩具有一段時間非常流行，最近女性雜誌附贈包包等相當豪華的「贈品」也愈來愈普遍。然後只要有附送「贈品」，我們通常都會覺得買到賺到，即使贈品的成本可能反映在商品本身的價格裡，或是商品本身的投資減少，成本被轉移到贈品上。

我們大家都喜歡「免費」，「既然免費，不拿白不拿」的心態人皆有之，關於這方面的詳細分析，還請參考克里斯・安德森（Chris Anderson）的暢銷書《免費！揭開零定價的獲利祕密》（*Free: The Future of a Radical Price*）。

但就結果來說，會發生什麼事呢？為了讓大家更容易理解，我們來思考比較極端的例子。首先，物品（即贈品）會增加。如果是面紙或保鮮膜等消耗品還無所謂，但如果是盤子或擺飾，就會占去一定的空間。

除此之外，由於那些贈品多半無法自行選擇，因此很有可能完全不符合自己的喜好，結果就是物品拿回家裡放著沒用，擺在那裡破壞整體的美感，或是占據原本可以用在其他事物上的空間。

這樣的話，拿出來用不就好了嗎？再次重申，畢竟那本來就是贈品，不可能期待有多好的品質。如果因為是免費贈送就反覆使用，那種行為與忍受劣質的商品或服務沒有兩樣。當然，如果把多出來的錢拿去做其他投資，確實是有意義的，但我們真的有拿去投資嗎？

再者，持續使用品質低劣的服務或商品，日子一久，難道不會忘記自己的審美觀、興趣，或真正喜歡什麼、對什麼感到高興、做什麼事情會覺得開心嗎？

迷失最初的目的，一味沉浸在能夠輕鬆上手的事情或短視近利，不管自己想做什麼或不得不做什麼，這樣雖然可以節約，但究竟是為了什麼目的在節約呢？

這種特性在許多公司內部也很常見，例如「員工是固定成本，就算讓他們多做些什麼也是免費的」，或是「既然有時間在那邊玩樂，不如就來做○○吧。」等想法。盡量有效率地活用固定成本，也就是提高稼動率是很重要的事。尤其在工廠等地方，稼動率就是勝負的關鍵。

不過前提必須是「追加的工作不會影響到本來的工作」，舉例而言，如果明明必須為了鍛鍊經營法人業務的技巧而學習，結果因為「有時間學習不如工作」或「反正有多的人手，乾脆調去幫忙新事業」等想法，導致必須提高效率的法人業務卻變成了（中長期性的）犧牲品，或是被迫接收低技術人才的新事業部門，為了照顧那些人而降低速度，甚至造成打擊士氣的副作用，削弱負責人原本志氣滿滿的工作動力，也就是說，有可能造成更大的機會成本。

到頭來都只是端視「眼前的東西」，去決定貴不貴、有沒有效率。然而不管是組織也好，個人也罷，本來的目的應該是自己想做什麼，還有為此應該怎樣分配資源才是最好的。在檢討應有的姿態而非現狀時，往往會發現各式各樣的機會成本。

**免費的最貴。**

6

# 再談「可惜」的真義

「可惜」一詞受到關注的部分，我認為在於它與「招待」一起因為東京奧運的關係，使得日本自古以來的價值觀受到重新檢視。只是正如前文所述，重視「可惜」會造成更多的機會成本——不能忘記「有得必有失」的可能性。

正當我在思索這些事情時，碰巧發現一本名叫《可惜》（もったいない）的書，書腰上寫著「諾貝爾和平獎得主、前肯亞共和國環境副部長，已故萬家麗・瑪阿塔伊（Wangari Muta Maathai）在日本發現的詞彙」，還有「重新注目日本人最好的美德！」我一度心想又是在說「有得必有失」嗎？但這本書指出了更本質性的精神。雖然文章略長，但請容我引用如下[7]：

假如當場打翻朋友特地泡的咖啡，應該會脫口而出說：「哎呀，好可惜」吧？那一方面是對於浪費咖啡這件事本身的悔恨，另一方面則是對於一手打翻了朋友「想要讓你品嘗好喝的咖啡」而親手沖泡的那份「努力」、「時間」與「辛勞」，更重要的是對於毀掉那份「心意」的抱歉與羞愧。……（中略）……

表面上的「可惜」是一種對物質損失感到惋惜的心情。反過來的另一面，則是對於失去的事物在取得或完成之前，那些「未能以實際形態表現出來的重要事物」的感謝心情，以及摧毀這一切的感嘆，並融為一體形塑出日本人獨特的精神世界。

原來如此。

既然這樣，之前的討論應該可以說是關於「對於表面上的物質損失，感到惋惜的心情」。反過來說，真正重要的並不是物質損失或「玩樂的固定成本」，而是原本想要達成什麼的目的、公司的使命，也就是員工聚集在那裡的心意吧。

從這層意義上來說，如果為了「有效活用」眼前正在玩樂的資產或人才，把那分配到其他不符合原本目的的工作上，基本上無異於「為了去買五十元的便宜雞蛋，花了兩百元交通費」的行為。

雖然削減成本與效率化很重要，但那並不是公司存續真正的目的。為了達成真

---

7 PLANET-LINK編著（二〇一六）六～七頁。

正重要的目標，不惜「投資」是理所當然的事，而且很多失敗或乍看之下沒用的事，其實也是「投資」。

日文當中有一個詞叫「見切千兩」[8]。前文介紹到三洋電機創辦人井植歲男的「三切」說，但「可惜」的念頭時常會讓我們對於「切割」猶豫再三。

然而，此處必須深思的是機會成本的概念，如果「不切割」，會發生什麼事？究竟是什麼跟什麼比起來「可惜」？又是以什麼標準去比較？

如果只是看眼前的東西感到「可惜」，那麼事實上，無法投入其他更重要的事情或錯過機會，難道不是更「可惜」嗎？我想之所以也有「損切萬兩」[9]的說法，就是在表達「有捨才有得」與「不入虎穴，焉得虎子」等策略的重要性。

**可惜的「標準」、「比較」與「內容」是什麼？**
**見切千兩，損切萬兩。**

8 譯注：果斷放棄的價值是一千兩。
9 譯注：通常接在「見切千兩」後面，意思是認賠殺出的價值是一萬兩。

CHAPTER

# 6

# 「增加未來選擇」的機會成本

1

# 延遲決策風險的實質選擇權

近年來在管理學的領域，也經常使用到「實質選擇權」這個很財務風格的用語。[1]建構選擇權理論支柱的布雷克－休斯選擇權評價模型（Black-Scholes Model）提倡者麥倫．休斯（Myron S. Scholes）教授，因為這項貢獻而與羅伯特．默頓（Robert C. Merton）教授同於一九九七年獲得諾貝爾經濟學獎（可惜的是，費雪．布雷克〔Fischer Black〕教授已於一九九五年逝世）。

財務上的選擇權，是指在未來股價有可能上漲，也有可能下跌的不確定狀況下，「在未來一定期間內可以用事先決定的價格買入一支股票的權利」（買權）或「賣出的權利」（賣權）。可以根據市場資料計算出選擇權的理論價格（權利金），就是布雷克－休斯選擇權評價模型的貢獻。

選擇權是一種「權利」，並沒有行使的義務。如果沒有需要，即使購入選擇權，也只要讓它失效即可。總而言之，重點就是對於股價的變動風險，可以用更少額的投資（權利金）去避險。

而將這個應用在實際的管理上，就是實質選擇權。簡單來說，就是對於不確定未來會如何發展的技術、市場、事業、公司或者研究，透過「少額的投資」來取得延後決策的「權利」，而不馬上做出完全不投入或正式投入的決策。換句話說就是「支付少額的預付款，以避免錯失機會」，是一種以未來機會成本最小化為目標的手法。類似「以備不時之需」的保險概念。

例如，當眼前還不知道互相競爭的X與Y何者會成為主流時，可以各別分批小額出資，或是對於未來似乎有發展潛力，卻無法預期前景的新興市場，可以先在當地設置辦公室，暫時觀望一陣子。由於一〇〇%收購一間公司的風險太高，因此先成立合資公司或做少數股權投資，再觀察後續情形等方法也早有人提出。[2]

不過財務上的選擇權與實質選擇權存在著根本性的差異，就是財務上的選擇權價值是依據外部性的、客觀性的市場資料決定，相對於此，後者的實質選擇權價值則容易受到該企業所採取的行動所左右。

---

1 節錄自清水勝彥〈「無法捨棄」——管理淪落的陷阱〉日經商業Online，二〇一三年十一月二十五日。

2 Kogut（1991）。

舉例而言，若以技術研發來說，一項技術是否有機會實用化或商業化，不僅取決於外部環境，公司內部研發團隊的努力程度也有很大的影響。從這層意義上，財務上的選擇權是「wait and see」，實質選擇權則是「act and see」。而且，由於**實質選擇權不存在外部決定的失效日期，因此要讓實質選擇權失效，必須要有自行「放棄」的決心**。

換言之，實質選擇權的本質性價值，在於「能夠捨棄」。如果只是先少額投資，等到評估有成功可能性才去做，那只不過是階段性的投資而已。能夠捨棄才是選擇權的價值所在（這一點與「假說的價值」有部分相同）。

不過正如前文所述，一旦投資下去，經常會有無論如何都無法捨棄的時候。尤其是「眼看就快要做出什麼」的時候更是如此。比方說，認真努力的負責人可能一開始說三年會有眉目，結果現在卻來苦苦哀求「再一下就好」、「已經克服最困難的地方了」、「再多給我一年就好」等等，那麼要「捨棄」確實是十分困難的事。正如杜拉蒙教授所指出的，只要未來是不確定的，任何專案都不能夠斷言「絕對會失敗」。

發生的結果就是，搬出其他與當初計畫不同的因素，設法「延長」專案的壽命。除此之外，透過投資後進行的活動，有可能會在一開始目的之外有更多的發現。例如：好像可以使用在這個用途上，或好像在其他市場更有發揮的空間等等。

結果為了運用這些新發現，又會開始朝著不同方向前進。雖然運用這些難得的發現或努力確實很有「彈性」，卻會離原本的目的愈來愈遠。

雖然以實質選擇權的名義開始投資很簡單，但管理並不像財務那樣有一套明確的「撤退標準」，而且一想到無法斷言「這個專案絕對會失敗」，大家就會說出「在充滿不確定性的環境下，保持彈性」之類的話，可是在無法撤退的前提之下，那種說法就跟叫人隨便多試幾種方法沒什麼兩樣。

這樣一想，實質選擇權雖然出身名門（獲得諾貝爾獎的理論），但從「如果現實上無法預測未來，就去嘗試各種可能性」的意義上來說，與精實創業或A／B測試並沒有太大差異。

重要的是，由於資源始終都是有限的，必須在某處劃下選擇取捨的線才行。包括從現階段複數可能性中選擇投資標的的橫向抵換，還有評估撤退時機的時間軸抵換。如果什麼事情都要嘗試，雖然會拓寬未來的可能性與選項，但在關鍵時刻，如果沒有剩餘資源或體制可以正式參戰，恐怕就得不償失了。

「雖然全部都想要投資，但要狠心捨棄掉哪個呢？」、「雖然想再觀望一陣子，但必須在這個時間點決定才行」，像這樣的決策是免不了的。雖然實質選擇權風險低於要在一時之間做出巨額的決策，但如果想要達成與其他企業的差異化，勢必無法逃避這些困難的決策。實質選擇權只是一種手段而已，並不是目的。

關於創新要如何選擇取捨，達特茅斯學院的隆・艾德納（Ron Adner）教授在著作《創新拼圖下一步：把創意變現的成功心法》（*The Wide Len*）中，有一段深具啟示性的發言。

這本書強調生態系統在創新中的重要性（再怎麼優秀的產品，也必須要有各種周邊服務來建立完整的生態系統，讓顧客最終可以享受到其價值，例如電動車就必須要有充電設備），並寫道：「在一百個之中，不知道哪一個會成功，但從生態系統的角度來看，首先確定哪五十個會失敗。如此一來，成功機率自然會變成兩倍。」

這樣的說法也讓人聯想到羽生善治永世名人的名言：「要從成千上萬的資訊中獲得自己需要的資訊，『如何捨棄』比『選擇』更重要。」

透過實質選擇權（少額的先行分散投資）可以延遲決策，並維持或增加選項，不過真正重要的，是有關「選擇取捨」與「放棄時機」的策略性決策（抵換）。

## 2 選擇愈多愈好嗎？

在艾恩嘉教授的工作中，最有名的是「顧客與果醬的研究」。從結果來說，當店面擺出二十四種果醬時，六〇％的顧客會前來試吃，擺六種的時候是四〇％。不過這還沒有結束，在擺出六種果醬的時候，試吃的顧客中有三〇％會購買（全體的十二％）；相對於此，在擺出二十四種時，試吃顧客中僅有三％會購買而已（全體的一・八％）。

換句話說，眾多的品項雖然能夠吸引顧客，但一到要「選擇」的時候，反而會製造出令人猶豫不決的狀況。雖然用頭腦思考的話，「選項愈多」好像能做出「愈好的選擇」，但那只是不了解人類本性的膚淺偏見而已。

羽生善治永世名人以前也在電視節目上說過類似這樣的話：「年輕時想的是更多的選項，但現在反而會更深入思考少數幾種棋步。」

選項愈多時，有可能可以找到更好的方式。不過從另一方面來說，可以使用的時間有限。如果一味尋求「有沒有更好的方法」，最後陷入收益遞減法則（diminishing returns）陷阱的情況，並不在少數。「考慮所有可能性」的行為看似極好，但從現實上看或許只是一種自我滿足，反而會生成巨大的機會成本也不一定。

這個部分正好與第三章所討論的內容有關，包含南場智子女士的評論在內的其中一個重要「分析」問題點。正如前文所述，「沒有所謂 More is better 這回事」，但像一般稱為五力分析[3]的產業分析，有一點經常被提出來的問題，就是對產業的定義太狹隘所造成的弊害，例如相機製造商或電動遊戲機製造商在不知不覺間，被智慧型手機搶走市占率的狀況即為一例。

因此，這提醒我們也要注意潛在的競爭對手（stealth competitor），但這樣的話，究竟要把產業的範圍定義得多寬？若以遊戲來說，到智慧型手機、線上遊戲的部分還可以理解，但像是社群網路又如何呢？

雖然社群網路不是遊戲，但是以往使用在遊戲上的時間，如果有一部分轉移過去，應該也不能說它不是競爭對手（甚至在網路剛出現時，《華爾街日報》也曾報導過學生街酒吧營收一口氣下降的現象）。麥當勞又如何呢？可知的競爭對手包括其他的漢堡連鎖店與速食店，如果再加上牛丼或拉麵連鎖店，或許也還說得過去，那麼便利商店的便當呢？冷凍披薩呢？假如連這些都考慮進去，必須考慮到的競爭對手將會大幅增加。

不可否認的是，若把產業範圍定義得寬一些，疏忽潛在競爭對手的可能性會降低，但真的有耗費那麼多時間的價值嗎？勢必得在某處切換俯瞰與深耕之間的齒輪才行。

那麼究竟該怎麼做比較好？我認為要在哪個地方劃線，大致上有三個「標準」。

---

3 五力分析（Porter five forces analysis），由哈佛教授麥可・波特（Michael Porter）提出的架構，定義出一個市場吸引力高低程度。五種力量分別是：買方的議價能力、供應商的議價能力、潛在進入者的威脅，和替代品的威脅。前述力量共同組合而創造出影響公司的第五種力量：現有競爭者的威脅。

一是「**本來的目的**」，當初為什麼要進行分析？為什麼要思考各種選擇？如果是像買衣服那種以東挑西選為樂的活動還另當別論，但「尋找選項」即便是手段，也不會是目的。

其次是「**可以耗費在分析、選擇上的資源與時間的限制**」。當然，如果是重要的事物，應該投入更多的資源，但反觀也有像前述雅虎收購 Facebook 那樣的案例，正因為很重要，所以更不能夠錯失良機、耽擱拖延。

事實上，當 Facebook 在二〇一四年公布他們在短短兩週的談判後，決定以一百九十億美元併購當時只有五十五名員工的 Whatsapp 時，矽谷與華爾街都吵得沸沸揚揚，眾人直言：「太貴了」、「有夠愚蠢」或「有錢就沒在思考」等等。不過日後卻開始有人將這筆交易評價為數一數二的成功案例。

再來是「**有沒有滿足達成目的的最低要求**」。由一九七八年獲得諾貝爾經濟學獎的司馬賀（Herbert A. Simon）教授領頭，後於二〇一七年因芝加哥大學的理查・塞勒（Richard H. Thaler）教授也獲得諾貝爾經濟學獎，而再度受到矚目的行為經濟學（在管理的世界裡稱作 a behavioral theory of the firm），當中有一個重要的概念是「satisfice」。

在以理性為前提的古典經濟學中，一般認為組織與人都會取得所有資訊，追求利益的最大化（maximize）；相對於此，行為經濟學則指出，人類其實是有限理性（bounded rationality），而滿足（satisfice）最低標準是很重要的事。如果到頭來誰也不曉得最佳解，耗費在上面的投資效果也勢必會變成收益遞減法則，「satisfice」從盡量避免機會成本的意義來說，也是非常重要的。

考量多種選項很重要。尤其為了做選項的篩選，也就是「選擇與集中」，本來就有擴展選項的必要。否則說不定會受到眼前的選項所牽制，連機會成本也沒注意到。

不過，如果不知道那些選項為何存在，也不清楚擴展選項的標準與選擇標準的話，最終也只是在胡亂打轉而已，變成「不知道自己想做什麼」的自我探索。

增加選項是一把雙刃劍，在有可能做出更好的選擇同時，選擇取捨的過程造成機會成本的可能性也會增加。

為了進行選擇，釐清①目的、②資源的限制，以及③達成目的的最低標準，是很重要的事。

## 3

# 超有生產力？多工作業的機會成本

「效率」是商場上非常重要的要素之一。由於利潤是營收與成本之差，因此必須讓成本低於營收才行。此外，從資本成本的角度來想，投資下去的資產可以有效率地活用到什麼程度（例如稼動率），或是聘用的人才可以貢獻多少利潤（例如生產力），將會是利潤額與中長期企業發展的關鍵。

不過正如前文已討論過的，「眼前的效率性」不見得能夠帶來「中長期的利潤」。反過來說，犧牲眼前的效率性，強化中長期的利潤或競爭力，則屬於「策略性」的判斷。不過，相對於眼前的效率性是看得見的，或者結果會立即出現，中長期的結果是看不見的。就像杜拉克所說：「每個決定都是冒險的：以現有資源承諾一個不確定性以及未知的未來。」（Every decision is risky: It's a commitment of present resources to an uncertain and unknown future.）

因此，無論是個人或企業，都會不自覺地著眼於「眼前的效率性」。以個人來說，最常見的應該就屬「多工作業」了。在電子郵件、智慧型手機、社群網路的全盛時代，大概就是：稍微處理一下手邊的工作，電子郵件就來了；稍微讀一下再回覆之後，乾脆順便瀏覽一下最近的新聞；稍微喘口氣以後，再回頭處理剛才的工作……

乍看之下是同時進行多項工作，好像「沒有浪費時間」，但實際上根據研究已知，要重新恢復專注力是一件很不容易的事。也有報告指出，一旦工作被電子郵件打斷，平均需要二十二分鐘才能恢復到原本的專注程度，其中二七%還花了超過兩小時才恢復到原本的水準。

儘管如此，據說在使用個人電腦過程中，切換視窗瀏覽郵件或其他程式的次數，平均一小時是三十二次。[4]也有一篇令人吃驚的報導說，一般商務人士點擊或滑動智慧型手機畫面的次數，平均一天是兩千六百一十七次。[5]

「乍看之下很有效率」究竟是不是「真的很有效率」，其實有很多令人生疑的

---

4 引自諾瑞娜·赫茲（Noreena Hertz）《老虎、蛇和牧羊人的背後：如何在大數據時代破解網路騙局與專家迷思，善用個人力量做出聰明決定》（*Eyes Wide Open*）。

5 "I lost it: The boss who banned phones, and what came next," *Wall Street Journal*, May 16, 2018.

部分。然後假如多工作業的結果，導致開會前應該完成的工作沒有完成，拖到明天才能處理……明天又必須再想一遍來龍去脈，重新啟動專注力的齒輪，從這層意義上來說，機會成本甚大。

雖然以都是在「工作」來說，好像沒有什麼差別，但被那種表面性的部分蒙蔽或自我滿足，與有沒有生產力是兩回事。實際上那種看不見的成本正在侵蝕生產力。

或許有讀者會想，等一下，不是也有像設計師佐藤大那種同時進行四百個專案的方法嗎？

不過仔細觀察他的工作方式就知道，其實他很用心於「全神貫注在眼前的工作上」，換言之，「即使手上有四百個專案，腦中只有其中之一而已，其他三百九十九個都拋諸腦後。」[6]

更有意思的是，因為手上有四百個專案，無論如何都會意識到速度感，所以勢必會排定優先順序，進而提高工作的品質。排定優先順序的重要性會在後文進一步討論，而我認為這段軼事再次讓人感受到「專注」的重要性。

「看起來」有效率的多工作業，實際上很有可能造成包含機會成本在內的，沒有效率的結果。

## 4 「效率十足的電子郵件溝通」潛在消耗

正如第四章提到的，「會議」在組織中會被當成負面的詞彙使用。對於「會議占用時間，所以無法工作」等意見，一般會盡可能設法改善效率。例如指令或報告就透過電子郵件或智慧型手機提出，分散全國各地的業務員如果要開會，也盡量避免齊聚一堂，改用電視會議或電話會議，這些作法在美國企業也相當普遍。

這樣一來，不僅可以縮短移動時間、削減成本，對於發出訊息的人來說，也只需要下達一次指令即可傳達給所有人知道，不必再一個一個下達指令。

這種溝通效率化的前提就是圖表6.1的式子，分母的成本愈低，代表愈有效率。

6 佐藤（二〇一六）。

**圖表 6.1** 溝通效率化的前提

$$溝通效率＝\frac{溝通效果}{溝通成本}$$

問題在於分子的部分。許多關於「溝通效率化」的討論都建立在分子不變，分母變小即可的前提上，例如以用電子郵件代替一對一的面試，即為一例。

不過真的是這樣嗎？相信在許多時候，明明應該要提高「分子」（＝溝通效果）的部分，很多人卻拼命降低「分母」（＝溝通成本），結果可能連分子的部分也跟著降低，實質上根本沒有任何改變，有時甚至變得更差，卻以為自己「已經完成」溝通了。

倘若溝通的本質並不是單純地「共享資訊」，而是「傳達者與接收者共享想法、意思（提高程度）」[7]，更是如此。

電子郵件作為一種溝通工具，確實打破以往面對面或電話溝通的框架，帶來許多好處，主要可以列出以下三點：

一、隨時隨地都可以傳送訊息，還可以接收訊息。

二、可以一次傳送多筆訊息。

三、透過電子郵件可以跨越組織的階層往來對話。

另一方面，最常聽到的問題就是，與前述第二點有關的「會收到一堆無關緊要的郵件」。包括將這些如洪水般的郵件分成重要與不重要的作業在內，處理這些瑣事的時間不僅會降低作業效率，還會占用到本來要投入在更重要的工作任務時間。此外，就造成「多工作業」這種看不見的專注力降低這一點來說，這也是許多企業檯面下的問題，亦即機會成本很大的原因。

不過隱藏在這些「量性問題」背後，電子郵件的本質性極限還有其所帶來的問題，在於「隨時隨地都可以傳送訊息，還可以接收訊息」這一點。從收件者不在場也無所謂的特性來說，一方面無法鮮明地傳達出自己現在的立場，還有自己現在是什麼心情，反之也無法得知接收者讀過信件的立場與反應。

換句話說，電子郵件雖然是一種非常有效率的「資訊共享」工具，但相對於

7 詳情請參考清水（二〇一一）。

此，作為一種「共享意思」的溝通工具，卻有致命性的缺陷。尤其值得一提的，就是成員意見相左的時候。

著名作家阿川佐和子也曾在暢銷作《阿川流傾聽對話術》中提到，很多人都知道電子郵件往往會使對立升級，有時還會造成無法挽回的局面。電子郵件很容易使人集中心力在自己想講的內容上，而忘記那個不在場的人才是應該傳達「意思」的對象。一旦為了讓自己的訊息顯得完美，開始挑對方的語病，電子郵件的目的就會變成駁倒對方，而忘記真正的目的。

事實是，真正能夠「共享意思」的溝通，並不是可以那麼有效率完成的事情。尤其是擔任策略執行要員的課長、部長等重要幹部，如果太常使用「沒有時間，之後再說」或「盡量用電子郵件」等行為模式，應該有非常高的可能性會造成很大的機會成本。

然後，因為看不見個中原因，所以每次只會指責對方，尤其是指責部下「那傢伙沒有仔細聽」或「要講幾遍才懂」，卻沒有任何本質性的作為。

為了策略的執行，真正意義上的溝通是不可或缺的。那麼重要的事情，可以用「有時間再說」或「簡單發一封電子郵件」來打發嗎？如果因為沒有時間而不吃飯的話，人是會生病的。有時候或許會少吃一頓午餐，但之後肯定也會補充回來才對。

溝通也是一樣的道理。但願未來不會聽到「不妨導入 LINE 或 Facebook，來活絡公司內部的溝通吧」這種誤解甚深的言論。

雖然「使用電子郵件溝通」會降低成本，但溝通效果也會降低。結果就是，整體效果變成負面的狀況所在多有。由於那些負面效果是看不見的，因此溝通的難處經常被推卸在對方身上，在組織內部造成惡性循環。

5

## 領導者「發表願景」的機會成本

每每閱讀有關「怎樣才是一位優秀的領導者」的書時，幾乎一定會強調的，就是「展現出明確願景」的「表達」重要性。如果無法表達出明確的方向，也就無法約束組織，領導眾多部下。

我以前也是這樣認為的。不過當戈恩說：「雖然領導者各有各的風格，但基本必備的兩種能力之一，就是傾聽力。」我聽了相當驚訝，因為我一直以為，領導日產改革的戈恩一來經常出現在媒體上，二來書籍也登上暢銷榜，顯然是一位「表達力強」的領導者。

仔細想想就知道，「表達」以後，不見得一定能夠「傳達出去」。若以溝通的本質來說，想要傳達的不是膚淺的言論，而是其中蘊含的心情或意義的話。也就是說，為了「傳達出去」，必須把話說得「能夠傳達出去」才行。假如傾聽別人說話，尤其是傾聽顧客或員工說話時，無法理解他們的需求或心情，自然無法表達出能夠「傳達出去」的訊息。

我認為說話並不等於溝通，唯有想像自己說出口的話會在對方心中產生什麼樣的化學反應，並且做到基本的「傾聽」，溝通才算真正的展開。戈恩說：「有趣的話誰都聽得下去。一個人有沒有傾聽的能力，在於他能不能夠連無聊的話也努力聽下去。」

雅虎內部正在推行一對一面談，也就是「上司與部下之間定期進行的一對一談話」。聽說許多經營層一開始都抱持懷疑的態度，認為「為什麼要那麼麻煩」。據說實際上也有很多意見反映：「我知道溝通的重要性，但畢竟還有其他急迫性更高的工作，而且也很難騰出時間。」

不過隨著面談次數增加，大家逐漸看到部下不為人知的一面後，紛紛開始表示：「有種『喔，原來是這個』的感覺。」已故任天堂前社長岩田聰也曾追憶道，他在三十多歲擔任陷入經營危機的ＨＡＬ研究所社長時，「我第一次與所有人談話，經過面談之後，才得知非常多我原本不知道的事。我重新體認到，原來一定要把人整個倒過來甩一甩，才有辦法這樣說話啊。」

在一對一面談中，更重要的應該是，上司因此意識到「傾聽」部下意見的重要性。雅虎的一名幹部、ValueCommerce的ＣＥＯ香川仁這樣說道[8]：

上司會有自己的意見，而且往往會不自覺地說出口。部下也知道這一點，很容易以為「就算表達自己的意見，也沒有意義吧」。所以一對一面談開始以後，我也

8 引自本間浩輔《解放員工90％潛力的1對1溝通術：來自日本雅虎成功經驗！》（ヤフーの1on1――部下を成長させるコミュニケーションの技法）。

試著在會議場合請部下開口。

結果連以前不太發表意見的人也開始說：「我想嘗試○○的工作。」也曾驚訝地發現「原來某某人是這樣想的啊」。關於未來的職涯規畫也是，以前雖然對於那些「能幹的部下」有所掌握，但並沒有傾聽每一個人的說法。透過一對一可以聆聽這些事情，重新認識到部下陌生的一面。

表達願景，或從上司的角度指引方向本身並不是什麼不好的事，不過那樣做的上司往往會很獨斷地認為「我都已經這麼努力了，你們怎麼還是不懂？」人在講道理時總是會變得高高在上，以為「聽不懂都是對方的錯」。

不過聽不懂還是聽不懂，結果對方只好憑著自己的推測做事，到頭來反而得到不符合期待的結果，然後又換來一頓罵。這樣部下當然也愈來愈不敢表達自己的意見。如果這樣還說：「我們公司的員工都沒在思考。」未免太不合情理。無論對上司、部下或組織來說，都只是機會成本而已。

於是公司日益衰敗，始終沒注意到看不見的成本。

表達願景或方向時，唯有懂得「傾聽」，才能夠真正把心意「傳達出去」。如果只是將願景或指令「任意釋放出去」，而沒有「傾聽」，最終只會累積更多看不見的機會成本，包括成效不彰、生產力下降，以及員工愈來愈不敢表達意見。

6

## 過度專注「效率化」，容易忘記原點

多工作業或電子郵件等乍看之下很有效率的工作方式，之所以會造成許多機會成本，根本的問題在於，機會成本原本就是看不見的，以及不清楚自己工作的真正目的是什麼，或是沒有排定優先順序。

反過來說，多工作業或電子郵件都是一看就知道「在做什麼」的事，因此也很容易被吸引過去。在企業組織的很多地方都可以看到「手段目的化」，基本上也是出於類似的理由。

與這一點有關、而且重要性有過之而無不及的機會成本，恐怕就是針對傳承下來的既有工作，先去思考如何達到效率化，然後在某個階段停止思考以後，因為「鬆懈」而失去追求成長的心態，就跟手冊愈來愈厚的道理一樣。

請回憶一下前述的「溝通效率」方程式，那裡的（錯誤）討論前提是「分子」（＝溝通效果）不變。同樣地，一般在思考「效率」時，要做什麼或追求什麼都已經決定了（也就是分子固定），可以在多短的時間內或多低的成本下完成那些事（把分母最小化），才是焦點。

若從原本的目的來思考，提高分子也是一個重要的選項。不過一旦開始採用「效率」一詞，焦點就會擺在分母上。當然，有很多像那種所謂「例行公事」的工作，追求效率化的提升也無可厚非。

不過在我們身邊也有相當多例外的工作，不是嗎？例如不曉得是否真正必要、目的不明確的工作，或是雖然不知道做這件事有何意義，但因為大家都在做，所以才跟著做到現在的工作（又稱「組織慣性」）。

當然，即使努力將那些毫無意義的工作效率化，還是沒有意義。不過對於企業來說，卻有可能因為「將沒有意義的工作效率化」而受到好評。

結果就會造成大家「對於現在的工作毫無疑問」。如此一來，即便呼籲員工說：「多動腦思考！」也不會有太大的效果。人沒有聰明到「對現在的工作沒有疑問，卻能用創新觀點思考未來」的程度。與其聽完訓話後勉強量產「提案表」，不如早點回家休息。

相信不管是寫「提案表」的人、讀「提案表」的人，還是把那張貼出來想讓全公司共享，並看在員工如此努力的份上，特意撥空大力嘉獎他們的經營層，肯定都會在某個時候意識到，此處上演的只不過是全公司的鬧劇，只是機會成本而已。在柴田昌治的《培養更多徹底思考的員工！》（暫譯，考え抜く社員を増やせ！）一書中，有這樣一段話：

> 員工只要拼命努力以後，心理上對於莫名其妙做的事情，也會覺得自己好像有在做事一樣。即便那是在逃避最重要、最辛苦的深入思考一事，還是會認為自己有在做事。人類就是一種會往輕鬆的方向隨波逐流的動物，不刻意提醒自己的話，還會在原地停頓下來。

此外，我在聆聽日本生活協同組合聯合會的代表理事會長本田英一談話時，他也說道：「沿襲舊習乃惡，所有變革皆善。」簡而言之，**沿襲舊習或依循規則時，人是不會思考的，唯有想要改變時才會思考**。當然，或許並不是「所有變革皆善」，但此處的意思是倘若想要培育人才，一定要把話說到這種程度才行。

在企業併購的世界也常說，短期比較容易彰顯成效的是效率化或成本削減。在管理學的世界也始終有人指出，就既有資源的活用（exploitation）與對創新的探索（exploration）來說，管理的焦點總是會偏重於前者，而對經營者來說，如何達成 ambidexterity（雙面兼具）[9]，至今依然是個重大課題。

不過這裡要再次強調的是，股東要求的是看得見的結果，而經營者則容易在無意識之間受到 exploitation 牽制。

歐力士（Orix）的資深董事長宮內義彥造訪慶應商學院時，不僅指出「泡沫崩壞後，日本的管理致力於降低成本」，更提出以下論述：

> 替社會創造新價值必須主動創新，而主動創新需要承擔風險。換句話說，企業的存在意義在於冒險採取創新的行動。所以企業的經營者不可以致力於降低成本之類的事。那些事是財務主管或總務主管的工作，不應該是社長的工作。

再次強調，領導者該做的是主動創新，除此之外沒別的了。降低成本、組織重組、選擇與集中……這些事情對創新都沒有幫助。希望志在成為領導者的各位，從現在開始務必要建立起這樣的觀念。

當然，這並不是要各位無視效率性。雖然也有像傑克．威爾許（Jack Welch）那種知名經營者，宣稱「沒有公司因為大刀闊斧地削減成本而倒閉，會失敗大多都是因為動作太慢或削減太少」，但包含經營者的時間運用方式在內，絕對不能失去「以長遠眼光來檢視資源使用方式或時間運用方式，對公司來說是否最好」的這種機會成本意識。

一旦專注於效率化，便很容易忘記最初的目的（分子）。遵守規則、沿襲舊習會使人「停止思考」。經營者的首要之務是提高分子，也就是主動創新。

9 Tushman and O'Reilly III（1996）；Gibson and Birkinshaw（2004）。

CHAPTER

# 7

# 擔心、後悔與機會成本

1

## 完美主義有時是自我滿足的資源消耗

英文當中有這樣的諺語：「Perfect is the enemy of good」、「The enemy of the good is the better」。簡而言之，就是追求「好還要更好」是沒完沒了的，追求完美可能會使得好不容易達成的「好工作」被低估，或是沒能加以活用……的意思。

明白這個道理、卻無論如何都想追求完美的大有人在，尤其是有成功經驗的商務人士應該特別多。其中一個理由，可能是嚮往如賈伯斯那種「絕不妥協」的價值觀與其成果，並以此為目標。另外，我想也有一部分是擔心只停留在「good」的程度，會不會很快就被競爭對手超越。事實上，也有另一句俗語說：「畫龍不點睛。」通常愈是優秀的人才與組織，追求「extra mile」的傾向也愈強。

然而，如果要問「完美的定義是什麼？」這一題恐怕沒有那麼簡單。假如現實中只能憑「感覺」判斷的話，永遠無法到達設定目標也是很有可能的事。

另一個問題則是機會成本。若從第六章提到的收益遞減法則來想，即使同樣追求一％的成長，相較於從九〇％到九一％，從九九％到一〇〇％往往伴隨龐大的投資與成本增加。明明從現實上來看，在九九%的地方收手，把追加的投資轉移到其他地方，比較有可能得到明顯更高的報酬，卻仍要堅持下去。雖然也有人認為堅持本身很重要，但那或許只是一種自我滿足。前面第五章的圖表5.1提到「completion effects」（再一下就能完成），從某種意義上來說也是一種升級。

仔細想想，那種「完美主義」者是否大多難以忘懷求學時期的成功體驗？在學校考到一百分的感覺。但是，從九十分進步到九十一分，跟從九十九分進步到一百分，投資極大心力所得到成果，似乎也沒有那麼大的差異。

不過現實中應該沒人知道怎樣才算一百分，況且以一項商品來說，可能有各種形式的一百分，再者今天得到一百分，也不保證明天一樣會是一百分。在這種意義下，追求完美最終只會變成「More is better」的自我滿足，有可能只會導致成本增加，甚至根本無法以任何形式達到目標，有可能以零分告終。

在距今約四百年前的一六三七年，笛卡兒在《方法論》（*Discours de la méthode*）一書中強調「中庸」的重要性，書裡寫道：「這樣做，一方面是因為這種看法永遠最便於實行，既然偏激通常總是壞的，大概這也就是最好的看法。」然而，另一個雖然沒這麼有名，卻更富啟示性的是以下的「第二條準則」。

我的第二條準則是：在行動上盡可能堅定果斷，一旦選定某種看法，哪怕它十分可疑，也毫不動搖地堅決遵循，就像它十分可靠一樣。這樣做是效法森林裡迷路的旅客，他們絕不能胡亂地東走走西撞撞，也不能停在一個地方不動，必須始終朝著一個方向盡可能筆直地前進，儘管這個方向在開始的時候只是偶然選定的，也不要由於細小的理由改變方向，因為這樣做即便不能恰好走到目的地，至少最後可以走到一個地方，總比困在樹林裡面強。……（中略）……

我明白了這個道理，從那時起就不犯後悔的毛病，不像意志薄弱的人那樣反覆無常，一遇風吹草動就改變主意，今天當作好事去辦，明天就認為很壞。

追求並達成完美主義這件事，或許在組織中的某個領域，是有可能達成或受到期待的，不過那反而只是「追求局部最適」。

若從組織整體的資源分配來看，以滿足於「中庸」為目標，可以更接近達成整體最適的資源分配。與其追求現實上看不見的完美（perfect），不如追求「可以滿足的最低底線」（satisfice）。

完美主義會導致局部最適，容易造成機會成本。
追求「中庸（＝satisfice）」更有可能達成整體最適的資源分配。

2

## 不想失誤的心——保險的機會成本

在組織人的完美主義背後，隱藏的是「不想失誤或失敗」的心情，太過恐懼失誤或失敗，空有一身才能卻不敢冒險、挑戰，本來就是一種機會成本，然而現實中卻有很多組織，在呼籲人才培育重要性的同時，明明應該是「培育出能幹的人不算成長，唯有達成或許無法達成的事情，才能叫作成長」，卻又不容許人才失誤。

當然，有些基本的事情是絕對不能犯的失誤，但獎勵挑戰應該也要同時容許失敗才對。不過，卻還是有不少領導者嘴上說著「要主動挑戰啊！」，實際上卻「不允許失敗」，或是叫大家「要賺錢啊！」，搞得現場一團混亂，結果只是一派淡然地傳達出不再繼續挑戰的信號而已（嘴巴不說，不見得沒有傳達出這種消極的信號）。這樣就算了，有些人還會抱怨「公司的年輕人都毫無衝勁」或「一群草食系」。

「不想失誤」的意識會製造出的另一個傾向，就是「保險」。作法有很多種，常見的像是政治家或電視主播為了不被挑語病，所以「說話曖昧不明」，例如明明人已遭砍頸身亡，卻還說：「疑似是一起殺人案。」

雖然在以不特定多數人為對象的情況下，的確無法確定是否有人故意找碴，但即使同屬一個組織，也會有上司說話像這樣模稜兩可，搞不清楚他究竟希望別人怎麼做。或許是因為這樣一來，成功可以歸功於己，失敗就推給部下去扛。

若從整個組織來看，無論成功或者失敗，真正的原因並不確定，每個人可能有不同的解釋，成功案例會製造出數十名自稱「是我做的」的立功者，失敗案例則會製造出互相推諉塞責的場面。如此將造就一個極端組織，與前述亞馬遜那種不怕對立的組織、威爾許所說的「坦誠」重要性走向完全相反，連機會成本的認知都沒有。

類似的情況，還有一種叫「不打出鮮明旗幟」的方法，尤其像是在人數眾多的會議中，假如有位高權重的人出席，雖然有時會有清楚表達自己意見，積極爭取關注的情況，但有時也會發生踩到地雷，或變成「出頭鳥」遭人盯上等情況。

當加分與扣分兩種可能性同時擺上天秤兩端時，人們往往更看重扣分的那一邊（康納曼教授的展望理論），因此會採取「沉默」這項手段。等到大方向決定以後，即使心裡不認同也會說：「我也是這麼想。」僅僅展現出自己的存在感。

追根究柢來說，究竟為何要有這麼多人參加會議？（已排除組織慣例的因素）應該是為了讓大家交換意見，從多面向檢視課題，以摸索出更好的解決方案才對。

最近流行的多樣性也是一樣的道理，其實參加者是否多樣並不是重點，重點是提出的意見是否多樣，如果有很多人刻意限制自己發表意見，只顧著揣摩上意或在意「情勢轉變」的話，根本沒有開會的價值。哈佛商學院的愛德蒙森教授提出「心理安全感」（psychological safety）的概念[1]，強調創造能讓團隊成員放心暢所欲言的環境之重要性。

前述的亞馬遜領導力準則顯示，這是一個不分中外的普遍性問題，反過來說，「與其他公司製造差異的機會」就在這裡。不禁令人愈想愈覺得，「ＫＹ」[2]真是人類社會中直接戳中本質的用語，尤其是日本社會。

1 Edmondson（1999）。
2 譯注：在日文中是不會讀空氣的縮寫，意指不會察言觀色。

保險的另一種形式是擁有「餘裕」（＝緩衝）。擁有餘裕或許可以吸收失敗與及早應變。正如父母會交代「考試當天請提早出門」一樣，預留一點時間，可以確保有足夠的資源應付失敗或不測的狀況，使影響縮減到最小限度。

不過這在現實中也很困難，因為一般組織的看法是「餘裕＝浪費」，而不是「餘裕＝緩衝」，所以會試圖盡量削減餘裕，來實現效率化。在專門用語中稱「緊密耦合」（tight-coupling），但在行程緊湊、資源也處於最小限度且「如果一切順利，會是最有效率的營運」狀態下時，一旦發生任何雞毛蒜皮的小問題，也會像滾雪球一般愈滾愈大。

從企業的生態系統來想也是，有可能某處的工廠發生火災，關係企業的產線就得全部停工。又比如說在市中心一早的通勤人潮中，一旦某個角落出了小狀況，可能會演變成嚴重災害也是一樣的道理。如何拿捏其中的平衡，是一道非常困難的經營課題。

不過我在想，日本這個社會是不是過度重視「不可失誤」這件事，雖然生活舒適便利，但另一方面可能也耗費太多資源在沒用的成本上，例如政治家或官僚一旦失言就必須辭職下台；電車只不過誤點幾分鐘，就一而再、再而三地廣播道歉。

我住在美國的期間，曾經因為信用卡帳單有一筆我沒印象的款項，打電話向信用卡公司申訴，對方雖然說了「I am sorry」，但也就這樣而已，意思就是「既然錯了就修正回來，這樣你滿意了吧？」同樣的事情如果發生在日本，甚至有可能演變成公司派人帶一盒甜點來低頭致歉。

反之，為了不犯下這樣的失誤，我們會有好幾道檢查程序，還安排保護措施，尤其金融機構更是如此，聽說連ＡＴＭ稍有停擺可能都要向金融廳報告，還會遭到嚴重斥責。我想，那種事情交給顧客自行判斷即可，金融廳不是應該致力於更重要的事情上嗎？不免令人懷疑，大家真的有比較過失誤的影響與預防失誤的成本嗎？

這個問題恐怕是日本整體社會而非單一組織所致，也是需要啟蒙的一點。只是我們似乎也很難去期待那些「為了保險起見，而不斷播放類似新聞」的大眾媒體。

**失敗的風險可以透過保險規避，但耗費過度成本在預防失敗或道歉上，最終也會使機會成本增加。**

3

## 備案的問題點

還有一個避免失敗的機制，就是預先準備保險——「遭遇失敗的備案」（＝B計畫）。

為了因應不時之需，準備一個B計畫很重要，例如當A公司的工廠發生火災時，隨時可以轉換到B公司的方案，但萬一其他方案也不順利的話該怎麼辦？此時如果沒有一定程度的準備，面對失敗的那一刻將束手無策，有可能陷入「茫然自失」的狀態或是造成情況加劇。

不過有研究結果顯示，「一旦準備好備案，第一個方案的成功機率就會降低」[3]，至於其中的理由，與其說是因為思考備案而搶走資源，似乎更在於心理上的安心，認為「就算失敗也有轉圜的餘地」。

根據實驗顯示，「光是思考十分鐘的備案，對第一個方案的忠誠度就會大幅下降」。有一個詞叫「背水陣」，正如明茲伯格教授也曾說過，這應該是一個忠誠力量具關鍵性的絕佳例子。

這樣說起來，第五章提到的廉價航空始祖西南航空，一開始也表明即使飛機誤點也不會支付飯店費用，那會不會不只是為了節省成本而已，也為了讓大家產生「萬一自己失敗誤點了，會對其他人造成麻煩」的緊張感呢？

DeNA的南場智子在取得職業棒球球團之際，對外展現出充分決心，即使面對各種逆境，責任幹部也會貫徹不逃避的姿態，對內則成功給予大家安心感，並依據這些經驗提出以下的論述：

一旦開始保險，公司的士氣會減弱，那麼今天恐怕就無法取得球團了吧。[4]

將討論出來的計畫告知執行團隊全員時，最好明顯表現出「唯此方法」、「絕對可行」的信念。其實內心相當迷惘，也非常恐懼，但藏起這一面，能夠讓成功機率大幅提升。……（中略）……堅定團隊的突破力遠大於迷惘的團隊，雖然這是常識，但我還是花了一段時間，才真正理解並實際學會這件事。[5]

---

3 Beard（2016）。

4 《日本經濟新聞》二〇一六年十一月二十六日。

5 南場（二〇一三）二〇四頁。

當然，這並非說不可以擁有備案，不過在什麼時候、由誰來擁有備案，是很重要的。根據實驗結果顯示，「在真正盡過全力以後」或是「由其他團隊擁有B方案」，才能夠讓負面影響最小化。

與前述重點重複的是，「暫時保留」也與保險是同樣的概念，不過就像保險需要付出保險費一樣，機會成本一定會發生。我曾讀過一篇報導寫著，如今在亞馬遜一枝獨秀的美國家電量販店業界，家電本身已經無法創造利潤了，「延長保固」的保險才是提高利潤的主力。

反之，可以說保險是多麼好賺的生意，有時就算只是一句簡單的「萬一」，即使成本遠大過於報酬，對個人或組織來說恐怕還是有巨大的威力。選擇一條「輕鬆」的路，無異於走上放棄差異化的危險道路。

**如果一開始就共享備案或領導者的迷惘，團隊的表現會變差。**

CHAPTER

# 8

# 實踐「適材適所」與機會成本

1

# 從A到A⁺的難度：適材適所的現實

「做自己真正想做的事，會決定人生的幸福。」在這種一派正經的呼籲底下，人人喊著要「尋找自我」至今過了多少年？聽說有些年輕人因為好不容易考進的公司不讓自己做想做的工作、因為沒有自己的時間，或因為上司都不照顧自己等理由立刻辭職，也有些人三天兩頭換工作，卻整天吹噓說：「我只是還沒拿出真本事而已。」

反觀雇主這一邊，儘管嘴上說著「人才是一切」或「適材適所」，實際上又有多少公司可以充滿自信地說這一點已經實現了？雖說要讓「優秀的人才」在公司充分發揮能力，卻把人限制在一個部門裡，他們或許在那裡完成A級的工作，但如果去其他部門的話，說不定可以做到A⁺⁺的程度。

明明標榜著「多樣性」（稍後會再談到），卻冷落那些挑戰上司、不贊成多數人意見的人才，還說他們「沒有團隊精神」，究竟是誰在定義「適材適所」？定義的標準又是什麼？如果標準是「上司工作順利程度」的話，或許早已產生龐大的機會成本。

「適材適所」並不是一個簡單的問題，因為就算同為「人事」工作，也會因公司價值觀、方向、策略，以及在這些前提之下的任用標準不同，而有很大的差異。第六章至第七章討論到要追求「中庸」，而非完美主義（也就是追求 satisfice），比較有可能減少機會成本，但那和不努力追求更好的「適材適所」是兩回事。

美國有一家叫林肯電氣（Lincoln Electric）的公司，雖然媒體很少報導，但哈佛商學院已經追蹤它數十年，是一家內行人才知道的企業，凡是從美國ＭＢＡ頂尖學校出來的應該無人不曉。

這家公司的特徵是對員工採取「計件工資制」，沒有年休假也沒有婚喪假。據說員工對於生產力展現的高忠誠度，就是他們在這個業界可以維持堪比奇異等大企業市占率的理由。因為這個理由，聽說也有很多企業模仿他們採取「計件工資制」，但豈止是效果不彰而已，幾乎對所有企業都帶來負面影響。

為什麼呢？因為「計件工資制」只是開在冰山一角的美麗花朵而已，其他人忽略掉的是，還有背後的策略、企業文化、領導者的忠誠，以及適合那些策略或文化的人才聘用，計件工資制才讓生產力得以提升。

關於人的部分也是，很多重要事物都隱藏在看不見的地方，即使只模仿看得見的部分，效果也不會提升，最後只是浪費資源而已。

評估「適材適所」的「標準」是什麼？

2

## 能力愈好，就業滿意度愈低的理由

首先從員工角度的「適材適所」或「自我尋找」開始思考好了。

確實，很多時候自己想做的事與公司要求的事並不會完全一致，連大名鼎鼎的威爾許也在自傳中提到，當初明明是奇異以三顧之禮聘請他過去，沒想到官僚文化太過嚴重，沒有適當評價他的能力，所以他不到一年就認真考慮換工作。

在每年榮登《財富》或《富比士》「最佳企業雇主獎」排行榜前幾名的波士頓顧問公司或高盛（Goldman Sachs）等知名企業，檢視剛入公司前幾年的工作型態，如果只看時間的話，根本可以算是黑心企業。然後接下來的選擇只有 Up or

Out，也就是只能在升遷或辭職二擇一而已（雖說即使辭職，只要搬出波士頓顧問公司或高盛等工作經歷，還是可以找到相當好的工作，因此不需要擔心前途）。

當然，就業很重要，所以要收集資訊，積極參加說明會，聽取前輩的教訓，審慎思考後再選擇雇主。如果找不到理想的雇主或不被接受的話，與其進入自己不接受的公司，不如當個自由工作者（最近不曉得是不是因為人手不足，還是因為日本政府推行「工作型態改革」的效果影響，總覺得愈來愈少聽到這個用詞了）。不可能為了效忠於企業，連自我都泯滅掉……應該也有這樣的意見。

艾恩嘉教授的《誰在操縱你的選擇》（*The Art of Choosing*）一書中，有一段關於「就業滿意度」的實驗。在美國的求職活動中，有很多要做的事情，例如收集資訊或與職涯諮詢顧問面談。根據一項求職調查，針對「從客觀角度來看，只要能力所及，全部都去做的畢業生」與「面對工作，大概做一做的畢業生」，調查顯示，當然是「只要能力所及，全部都去做的畢業生」得到比較多的工作機會，平均年收入也達到四萬四千五百美元，遠高於後者的平均年收入三萬七千一百美元。

不過即使如此，「只要能力所及，全部都去做的畢業生」反而對於是否做出正確選擇比較沒有信心，對於工作的滿意度也比較低。

艾恩嘉教授主要是想強調「幸福不是完全反映在數字上」、「情感面也很重要」這些點，才提出這個例子，但我認為其中可能有很大一部分受到「完美主義」的影響。換句話說，投入愈多的求職活動，愈會產生「是不是有更好的地方」，或「我是不是不應該滿足於此」的想法或擔心。

收集愈多資訊，也就愈無法確定這份工作是不是真的最適合自己，這是一種愈陷愈深的泥沼狀態。

我想起以前在美國時，一位來找我諮詢的連鎖餐廳老闆說：「有個很熟悉這個產業的律師跟我說，不要因為做出一點成績就想讓餐廳愈來愈好。很多餐廳都追求『more, more』，想讓餐廳變得更好，想要增加菜單，結果輸給了這些誘惑，投資失敗，根本入不敷出。」

**為了追求完美而收集資訊，只會讓內心愈來愈不安，深陷泥沼之中。**

## 3 應變型策略——不過度計畫，在行動中把握機會

根本問題在於，「自我尋找」真的是一件做得到的事嗎？我在美國期間，曾經與一位大型銀行的人事負責人聊過，他說：「求職者常常說得好像自己生來就是為了進銀行工作的。連我自己都會迷惘了，他們這樣講反而令人更擔心。」

很多日本企業的人事部長也深有同感，我常聽他們感嘆說：「努力做研究、加入運動社團或去當志工、到國外待一陣子……每個人都做一樣的事，說一樣的話。」

閱讀《日本經濟新聞》〈我的履歷書〉等專欄就會發現，很多時候都是完全相反的情況，反而很少人是因為「只此而已」才選擇一條路的，以經營者來說，有相當多人都是因為「偶然」或「沒其他地方可以去」才進入公司，並在那裡找到工作價值，最後成為對社會有重大貢獻的知名經營者。

例如良品計畫前會長松井忠三，因為曾在學生運動中遭到逮捕，所以無法成為他嚮往已久的老師，剛畢業還沒找到工作的狀況下，由於也沒能應徵上當時領導流

通革命的日本大榮（DAIEI），因此他心想：「既然西邊的大榮不行，就去東邊的西友（Seiyu）試試看吧！」索性去參加聘用考試，雖然被人事部長說：「你的志願動機很薄弱。」最後還是合格了，其後的辛苦與活躍就如報導所述。

Oriental Land 會長兼ＣＥＯ加賀見俊夫的情況則是，在求職活動中慢了一步，只好從「剩下的」鐵路公司中，挑選國高中六年每天上學搭乘的京成電鐵，還遭到故意刁難，最後在「不可以落選」的決心下合格。他對東京迪士尼樂園的成功有重大貢獻。

此外，曾經以銀行為第一志願的日本碍子（NGK Insulators）特別顧問柴田昌治，他的故事更是不得了。以下直接引用專欄內容[1]：

那一陣子我留意到一篇新聞報導：〈名大法[2]為左翼巢窟，本公司日後也永不錄用〉日本碍子的野淵三治副社長在專欄中提出這樣的言論。再加上與銀的事情，大學或學院遭到歧視讓我感到憤怒。左翼的教授或學生是很多沒錯，但也有像我這種中立的。

我報名了聘用考試，直接殺到日本碍子的總公司。結果野淵先生親自出面，反過來斥喝我：「讓我告訴你一件事，你那種態度就叫左翼。」

灰頭土臉回家以後，我收到一封電報。「確定錄用」。由於當時就業困難，大學的求職單位不會讓學生辭退聘書。拒絕興銀後，我的工作就這麼定下來了。「雖然你很狂妄，但姑且讓你當吉本社長的圍棋對手吧。」後來我才從祕書室長口中得知，當時判斷的理由就只是如此而已。

簡短節錄至此。

本書中多次提及的麥基爾大學明茲伯格教授，有個著名的用語叫應變型策略（emergent strategy）。這個概念與第二章提到的一樣，我們不可能計畫每一件事情，因此必須彈性採納在嘗試過程中了解的部分，應用策略制定與執行的相互作用。

人生的職涯或許也可說是完全相同的道理，雖然按照計畫進行好像很完美，但

---

1 〈我的履歷書〉《日本經濟新聞》二〇一七年七月七日。

2 譯注：名大法為名古屋大學法學院，是柴田昌治的母校。

人生如果完全按照有限經驗或知識下建立的計畫進行，其實一點意思也沒有，說不定還錯失很多難得的機會。如此表態的人就是戈恩，所以他才會強調「不要過度計畫」。

如果嘴巴上說要「尋找自我」卻毫無作為的話，不可能會創造出應變型策略。「因為看不見未來所以很痛苦」與「因為看不見未來所以很快樂」只有一線之隔這件事，不禁令我覺得這似乎讓人生更有深度了。

我讀過一個關於妖怪的故事，這隻妖怪名叫「覺」，有預知未來的能力，牠每天都覺得無聊得受不了，我想沒有什麼事情比「可以預測的人生」更無聊的了。此外，我認為韋克教授或南場智子等人所強調的「比起做出好的決策，把已經做出的決策做好」，重要性有過之而無不及。

**尋找自我，就是採取行動，並從行動當中把握機會。**

## 4 用人唯精，只讓正確的人才搭上車

「人是組織的一切」這句話與「選擇與集中」一樣，幾乎每年都會聽到，甚至更加頻繁。應該也有很多讀者常從日本經營者口中聽到這樣的訓示：「JINZAI有三種，人才、人財與人罪。[3]」事實上，組織的競爭力深受聚集的成員性質所左右。

在這層意義下，聘用、維持與活用優秀人才非常重要，而且在全球化競爭、技術競爭，以及所謂「異種格鬥技」的產業隔閡正逐漸消失之際，重要性恐怕可以說是與日俱增。

最近「人手不足」幾乎是全世界共通的現象，尤其AI技術人員更是當紅炸子雞，聽說在Google等企業，即使是才剛取得博士學位（Ph.D.）的人，也可以輕輕鬆鬆拿到年收入三千萬日圓以上的工作機會。

3 譯注：日文發音皆同。

那麼在經營環境大幅變遷的過程中，人才的聘用方法又如何呢？聽說有愈來愈多公司在這方面投入各種心力，但好像也有不少公司與三十年前比起來幾乎大同小異。簡而言之，愈多應徵者參加三階段測驗：①學歷（包含在學校做了什麼）②筆試③面試；或是愈多知名大學的畢業生參與招募，就愈能夠聘用到「優秀人才」。

真的是這樣嗎？

雖然對於這種與三十年前大同小異的現象，搬出一個六十年前的法則好像說不過去，但我認為「帕金森定律」（Parkinson's law）實際上確實是適用的。[4]

> 從三百名擁有充分資格與出色推薦函的應徵者中，如何選出一人並不足以構成實際問題。因此，錯誤的是一開始召來這麼多應徵者的廣告方式。
>
> 如果刊出的是完美的廣告，只會有一人來應徵而已。……（中略）……因此，當有兩人以上的應徵者出現，代表提出的金額太高了。

這個的極端程度雖然與「瑣碎定理[5]」不相上下，但我認為有值得深入思考的價值。其實同樣的內容也曾出現在伊賀泰代《麥肯錫都用這8招做到超效率生產力》一書的開頭部分。

公司的「賣點」是什麼？舉例而言，假如公司在業界排名第三或者更低時，尋求與第一名企業相同的人才，真的是一件好事嗎？如果所謂的任用，指的是以剛剛好的人數找到想要的人才，而不是找來許多應徵者的話，那麼「有許多人來應徵」或許只代表公司並未清楚表明「本公司尋求的人才類型」。

找來許多人也就算了，如果沒有清楚的「公司用人標準」，反而根據「社會上經常談論的正式標準」進行任用，結果找來一堆高學歷但不適合公司，或明明是服務業卻討厭業務工作的人才……類似的情況時有所聞。顯然從這個時間點開始就已經不是「適材適所」了。

詹姆·柯林斯（Jim Collins）在《從A到A+》（*Good to Great*）一書中提到，許多公司「任用錯誤的人選，拼命試圖透過制度或教育勉強提高他們的動機」、「由於那種無益的制度，真正有心想做事的優秀人才，最後都會失去耐心，辭職求

4 引自《*Parkinson's law, and other studies in administration*》（1956）。

5 瑣碎定理（Parkinson's Law of Triviality），討論議題的其中一個案件審議所需時間，與花在那個案件上的金額與重要程度成反比。

去」。

反之，在人稱「願景公司」[6]的企業中，往往揭示出明確且嚴格的價值標準，嚴格篩選任用的人才，並強調「只讓正確的人才搭上車」。除此之外，他更嚴厲地指出「人才對企業來說不是重要的資產，正確的人才才是」。

另一方面，也有像愛麗思歐雅瑪（IRIS OHYAMA）的大山健太郎會長這種，堅決斷言「任用以人品為第一考量」的人。以下介紹一段我與研究生一起採訪時的論述：

> 愛麗思歐雅瑪在任用新人時有三個標準，依序是一人品、二熱忱、三能力。人品很差的人，基本上並沒有那麼多，大概八成的人都合格。有「想進公司」念頭的人比較有熱忱，而只想拿到保底用工作機會的人比較缺乏熱忱，所以這個部分也沒什麼問題。能力才是最後的考量。不過，大部分公司都是反過來先從考試開始篩選吧？就算跟我說是什麼大學畢業的、筆試成績很好，也無法從這些結果看出人品或熱忱啊。我常說，有能力卻缺乏熱忱的人不在少數。對組織來說這是很困擾的。更困擾的是，有些人有能力也有熱忱，人品卻很差，這種人比想像中還多。

從人才選拔這一點來說，還必須提到一種「大量任用，大量離職」的方法，也就是在任用之後才開始篩選，而不是在任用的當下篩選。

在總公司位於西雅圖的諾德斯特龍（Nordstrom）百貨公司，以「有客人拿公司沒販售的輪胎來退貨時，毫無怨言地接受退貨」的傳說服務聞名，據說一年之中大約有半數的新進員工會離職。

諾德斯特龍不見得是特例，連前述的林肯電氣、受惠於汽車保險而急速成長的前進保險（Progressive Corporation）、美國鋼鐵業界唯一揚眉吐氣的紐克鋼鐵（Nucor Corporation）等企業，在進公司頭一到二年的離職率極高，之後則呈現降低的趨勢。柯林斯提出以下的論點[7]：

> 願景公司通常會弄清楚自己人的性格、存在意義以及應該達成的事情，因此不符合或不配合公司嚴格標準的員工，在工作上可以發揮的空間往往也愈來愈少。

---

6 譯注：柯林斯的暢銷作在日本被編為一系列名叫「visionary company」的書籍出版。

7 引自《基業長青》（*Built to Last*）。

員工辭職聽起來給人一種負面的印象，尤其在日本更是如此。不過以公司的立場來說，既然擁有強烈的願景，那麼即使有員工才進公司一、兩年就覺得自己跟不上，或許反而是理所當然的事。優秀的人才那麼快就離職很可惜，但只能說彼此沒有緣分。

反之，假如人員的流動不太頻繁，說不定表示那是一家任何人都能輕鬆勝任工作的公司。我想那樣的公司遇到景氣好時還無所謂，但一旦競爭變得激烈，前景恐怕黯淡無光。不管是諾德斯特龍也好，紐克也罷，凡是身處在「不喜歡就做不下去」的公司，每一位員工都會發光發熱，並且對自己的公司感到自豪。公司與競爭對手比起來也格外獨特。

人員的任用或保留，對企業來說是重要的手段，卻絕非目的。如果連經營團隊都因為手段優劣的一般論述而起伏不定，忘記目的為何，機會成本恐怕難以計數。

關於人才的任用，有許多應徵者不見得是一件好事，有人辭職也不見得是一件壞事。

## 5 多樣性是手段，而非目的

最近呼籲「多樣性」的聲音漸趨紛雜，其一是關於女性活用（暫且不論「活用」一詞是否恰當），另一個則是國際化。不僅員工或經營層如此，連包含外部董事在內的董事會成員，都成了無窮無盡的多樣性題材之一。

但究竟為什麼要講求「多樣性」？對此，我認為答案大概可以統整為：為了藉由活用多樣的聲音與意見，打造一個因應未來事業國際化、更容易發展創新的組織。

舉例而言，日本經濟產業省目前正以「新多樣性管理一〇〇強企業」為題進行大臣表彰，其中將「多樣性管理」定義如下：

「活用多樣性人才，並提供將能力發揮至極的機會，以達到發展創新，繼而創造價值的管理」。

可以說是今後日本企業為提高競爭力，必要且有效的策略。

對於這些政府揮舞的大旗或企業的宣言，我毫無吹毛求疵之意，不過這裡是不是忽略了兩個重點？一是關於「多樣性」的成本。針對這一點，我已在拙作《領導者的標準》[8]中詳盡討論，因此這裡略過不談。

然後另一個「看不見但很重要的點」，多樣性如何對創新有所貢獻，其中的因果關係並不明確。再次重申，多樣性不過是手段而已（當然，我想像雪柔・桑德伯格〔Sheryl Sandberg〕的《挺身而進》（*Lean In*）、#MeToo 運動所象徵的女性或少數群體，毫無理由遭到歧視等問題確實存在，但這又是另一個主題了，因此不在此處的討論範圍內）。多樣性的目的是創新。

另一方面，主張「多樣性明顯對創新有加分效果」的，包括麥肯錫、波士頓等顧問公司。兩家公司都提出數據證明「多樣性與企業業績有相關關係」，因此強調推動多樣性很重要。[9]

如果正確引用波士頓的報告就是：「The biggest takeaway we found is a strong and statistically significant correlation between the diversity of management teams and overall innovation.」（我們發現最大的收穫是，管理團隊的多樣性與整體創新之間，存在著強大且具有統計學意義的相關性。）

此處也一併介紹麥肯錫的報告圖（圖表8.1）。

我並不認為這些報告犯下根本性的錯誤，不過其中確實有誤導之處。相關關係（correlation）與因果關係（causation）在根本上是截然不同的兩個概念。麥肯錫的報告很謹慎地提出：「儘管有相關關係，確實不代表有因果關係，而且也有部分學者提出反論，不過根據麥肯錫多次調查證明，兩者確實有強烈關聯。」試圖避重就輕地正當化自己的主張。

我經常引用、也常在以交換學生為主的KBS課堂上使用一篇論文，是克里斯汀生教授的《別輕忽管理理論》〈*Why hard-nosed executives should care about management theory*〉。

他在此處強調的重點是：「不要混淆相關關係與因果關係。」他舉例提問究竟有多少人因為「鳥有翅膀（相關關係），所以只要有翅膀就能飛（因果關係）」的誤解而失敗。在管理的世界裡，也充斥著許多模仿成功企業「顯著」特徵（相關關

---

8 清水（二〇一七）第七章〈重要的事都很麻煩〉（2）——「人」尤其麻煩。也請留意圖14「會話」與「對話」的差異。

9 Devillard et al.（2018）；Lorenzo et al.（2018）。

**圖表 8.1　多樣性的效果**

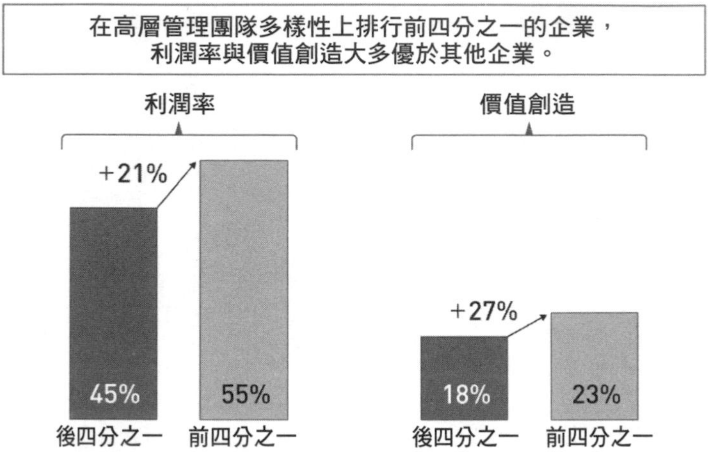


出處：Devillard et al. (2018).

係）而失敗的例子。因為他們忽略了成功的真正理由。

然後另一個重要的點是「contingencies」（可能會發生，也可能不會發生的情況），亦即在考慮某種理論或政策的有效性時，必須明確設定好那在什麼樣的條件下是成立的，在什麼樣的條件下是不成立的。克里斯汀生教授也指出，以往之所以有各種管理手法如曇花一現，就是因為沒有考慮到contingencies，稍有窒礙就貼上「無效」的標籤。

想想也是理所當然的。舉例

而言，關於經營團隊有比較多女性是不是一件好事，若拿鋼鐵製造商與生活用品製造商來比較，意義恐怕截然不同。一味強調「顯著」的部分，而忽視這些重要的觀點，似乎就是現階段面臨的多樣性推動爭議的現實。

那麼究竟該怎麼做才好？

如果歸根究柢來思考多樣性與最初的目的創新、或業績之間的「因果關係」，應該會得到圖表8.2的結果。不言可喻的是，沒有什麼「對任何組織的任何問題都有效」的萬用藥，必須由個人去應變各種組織狀況才行（contingencies）。

換言之，多樣性根本無關乎什麼槍打出頭鳥，只不過是「出發點」而已。反過來說，如果沒有多樣性的意見，或無法坦誠地討論那些意見，即使經營團隊或員工之中有再多女性或外國人都毫無意義。完全就是機會成本，空有一身功夫而已。

此外，把過去的成功案例或領袖的意見視為聖域，到處瀰漫著「不可以說這種話」氛圍的組織，不可能孕育出多樣性。這就是被「不會察言觀色」的恐懼侵蝕了組織潛力的典型範例。再說，即使有多樣性的意見，但各種「價值觀」不同的人討論起來往往會變成「正論vs.正論」，根本雞同鴨講。

**圖表 8.2　多樣性是創新／業績提升的出發點**

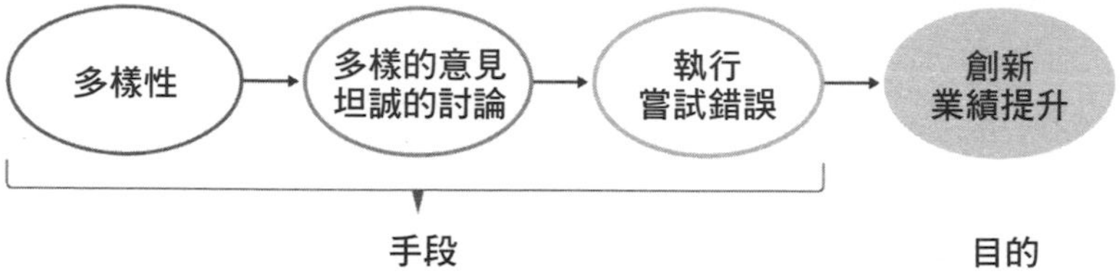


活躍的劇作家、表演者平田 Oriza 曾經提出以下見解[10]：

在歐洲工作時，即使是一些瑣碎的事也會大費周章地拿出來討論。……（中略）……眾多（才華顯然比我出眾的）藝術家出去國外，卻遲遲無法發揮才華，據我推測，恐怕是因為受不了對話的時間吧。檢視各種舞台藝術的國際合作失敗案例會發現，日本有很多藝術家都受不了這段時間，不是放棄就是生氣。……（中略）……

遇到不同的價值觀時，應該要不卑不亢、無所畏懼、不屈不撓地找出可以共享的部分。只是那並非只要灌輸理念（給日本孩子）即可，恐怕還需要讓對方感受到反覆進行那些對話能夠得到什麼樣的喜悅吧。

照理說，多樣性之所以重要，應該是因為最後得到的整體面積（或最小公倍數）會擴大，但如果現實中總是以（最大）公約數的範圍進行討論，多樣性就變得毫無意義，每當有價值觀不同的人加入團隊時，會覺得「麻煩的傢伙來了」或「效率降低」也是理所當然的事。

數十年來，不斷有人強調組織力與部門間綜效的重要性，卻從未真正顯化，會不會是因為大家習慣避免互相表達最坦誠的意見而不願對立，總是傾向於尋找眾人都可以同意的「妥協點」呢？如果是這樣，就不難明白，為什麼日本企業與亞馬遜的差距不僅沒有縮小，反而愈來愈大了。

我在第六章與第七章提到，要避免機會成本，應該追求 satisfice 而非 maximize，但那裡的意思是，如果出於「more is better」的想法去「追求不知是否存在的 maximize」是很危險的，而不是要大家扼殺掉已經存在的多樣性成員所擁有的潛力。

那麼，缺乏「多樣性」的日本企業，是否面臨更根本性的問題？也就是目前真

---

10 平田（二〇一二）一〇三～一〇四頁。

的有共享價值觀、團結一心嗎？還有前面也重複過的問題，我們真的已經共享組織的目的、目標與判斷標準了嗎？

日本樂敦製藥會長兼ＣＥＯ山田邦雄曾嚴厲地表示，「日本企業有很多相似的人，而且常常像多頭馬車一樣」、「在公司一直講要全球化、全球化，卻做不到自己個人的全球化」。

顧問公司積極宣傳多樣性的重要性，恐怕屬於明知故犯的「確信犯」[11]。

一方面被要求要對創新或業績有貢獻，不假思索地投入多樣性作業，另一方面卻沒有多樣性的意見，也無法坦誠地討論。當然，創新與業績都不會有成果，這樣一來只好委託顧問公司了……不禁讓人懷疑，這是不是就是他們策畫的劇本。

多樣性，只不過是創新或提升業績的手段與出發點而已。

真正重要的環節，是在多樣性之下，坦誠地討論多樣性的意見與執行。

筆記B

## 我的經驗談：在反覆嘗試中找到價值

雖然我現在認為教書是我的天職，但當年在求職期間，不，甚至直到我工作第六年跑去念MBA之前，都從來沒想過自己會在商學院教書。

話說回來，其實連我進顧問公司的契機，也只是因為當時交往的女朋友（現在的內人），剛好有表親在波士頓顧問公司（BCG）擔任櫃檯人員，他說：「裡面好像有很多有趣的人，不如你就考考看吧。」於是我就在對顧問業一無所知的情況下，把利用課堂時間寫好的應徵資料送出去，沒想到卻得到頗高的評價，面試時雖然也被講說「你根本不懂商業」、「所謂天真就是愚蠢的意思」，後來還是在八、九月時確定獲得工作機會。

儘管我很開心地出席了辦在高級燒肉店的內定者聚會（記得是五個人），還被帶去六本木的夜店續攤，但當時我的志願是大眾媒體。也沒有什麼了不起的原因，當時是泡沫化初期，在壓倒性的賣方市場中，感覺好像不該走銀行或

11 確信犯，確信自己在道德、宗教、政治或經濟上的理念而執行的犯罪。

公職，硬要說的話就是用消去法作選擇。

雖然現在很難想像，但我清楚記得，當時某報社的筆試舉辦在十一月初（當然是大四那年的），錄取名單出來是十一月中以後，當我前往BCG回絕聘書時，那位日後也曾出任 Dream Incubator 社長的井上猛先生，還帶我去一家位於日本橋、據說漫畫家佐藤三平先生經常光顧的店。

我原本打算去報社，後來從櫃檯的表親那裡聽到一個消息，說包含面試我的吉越亘先生在內，有十個人要辭去BCG，另外成立新公司，於是我便與吉越先生碰面。在美食的誘惑下，忘記是第二次還第三次去找他時，我在現在已經拆除的赤阪王子飯店某間酒吧內，半夜兩點左右被各務茂夫、石井光太郎、富山和彥等五、六名前輩包圍，轉眼間事情就變成「清水，你也加入我們吧。香檳來了，乾杯」。

我印象很深刻的是，後來我被叫到 Corporate Directions（CDI）的辦公室，現場已經準備好辭退報社聘書的草稿信了，澤田宏之先生當場就遞上一支鋼筆，要我親自謄寫簽名。

我想可能有人會說我愚蠢，或說我年少輕狂，但這就是我進入CDI這家公司、步上策略顧問之路，並經由這些經驗對ＭＢＡ產生興趣，進而取得博士學位，之後選擇在美國大學工作這一路走來的起點。

「緣」是吉越先生也很常使用的一個字，一切都是偶然的產物，不過我可以明確告訴各位的是，我現在的工作非常適合我，幾乎可以說是我的「天職」，而且我也感到很滿足，還有如果我當初沒有進入ＣＤＩ，根本不可能找到這份工作。

當我還在美國期間，曾經寫過以下這段話留給ＣＤＩ的後輩[12]：

我進入ＣＤＩ的時間，是公司才成立兩個月左右的一九八六年四月一日。當初之所以婉拒外商顧問公司或報社的工作機會，不顧前後地跳進才剛起步的ＣＤＩ，我想會不會是因為我有一股連神也不怕的「自信」，認為「沒有我做不到的事」。

時光荏苒，二十多年過去了，每次稍微想起ＣＤＩ的事，總是浮現一堆快

12　現在也還在ＣＤＩ的網站上（http://www.cdi-japan.co.jp/recruit/cdi/ob）。

樂的回憶。不過仔細想想，我在公司十年期間，大約有九五%都是懊悔或慚愧的經驗。恐怕說是「連戰連敗」也不為過。姑且不論第一年什麼事情都懵懵懂懂，之後的幾年每天都過著「自信」折半再折半，變得破碎不堪的日子。

現在回想起來，二十年前擁有的「自信」，其實夾雜著很多像是考試分數、大學名牌等沒什麼根據的雜質。從變得破碎不堪，到可以努力面對自己、選擇取捨、重建純粹的「自信」，大概是最後兩、三年的事了吧。我想就是這樣的經驗促使我下定決心，帶著還在上幼稚園和還在喝奶的孩子重返校園，也讓我懂得自我警惕，即使變成被人稱為「老師」的立場，也不可以驕矜自滿。

雖然如今CDI已經比我在的時候有名許多，但我並不建議追求名牌或技術訣竅（Know-How）的人加入。「自信」被粉碎時會灰飛煙滅的人，避開CDI也是比較聰明的作法。如果是（好像）可以自始至終都相信自己，而且還想更上一層樓的人，或許可以考慮一下。有時溫柔得讓人覺得可以和他一起下十八層地獄、有時又冷血得讓你想推他下地獄的那些前輩，應該會給你很多幫助吧。

賈伯斯所說的「只有在未來回顧今日時，你才會明白這些點點滴滴是如何串在一起的」，我想確實如此，許多人應該也都有過這樣的經驗。

當然，我並不是從CDI出來之後就一帆風順了，相反地，我面臨到一堆更為艱難的局面。當我在一九九二年滿懷自信地抱著「我是東大畢業的，而且還有六年策略顧問公司工作經驗」的心態去念MBA時，我人生第一次經驗到在課堂上舉手被點名，卻體驗到「腦袋一片空白」，不知該如何是好；也曾被認為是「沒用的傢伙」，不讓我加入團隊。

一九九六那一年，我辭掉工作帶著四歲的長男、剛出生不到兩個月的次男，還有剛生產完的妻子，前往德州大學念博士學位時，情況更是慘烈，慘烈到幾乎足以出書了。

經常有人說：「我念MBA時真的是拚了命地在念書。」我到一九九五年以前也是這樣認為的，但博士課程開始以後，我才認知到自己有多無知。後來好不容易在德州大學覓得一職以後，還是過著時常被揶揄「一天二十小時，想工作時再工作」的生活。千辛萬苦在所謂「**publish or perish**」（不發表就完蛋）的殘酷競爭社會中掙得一席之地，好不容易在二〇〇六年獲得「終身教職」時，我當真鬆了一口氣。

我將開始撰寫日文書籍當作一個轉捩點，並在二〇〇七年出版的出道作《策略的原點》（戦略の原点）的〈後記〉中如此寫道：

> 我踏入所謂「publish or perish」的美國大學世界將居七年。所謂的「publish」指的是在學會期刊上發表論文，但完成一篇論文花費數個月到一年以上的時間，是稀鬆平常之事。好不容易完成以後投稿出去，還會有熟悉那篇論文主題的審稿人，也就是匿名評分者（通常是三位）擋在前面。從「缺乏新意」、「沒有一貫性」等意見開始，細緻入微地指出問題點，甚至等了幾個月以後卻遭到「退稿」，也不是什麼稀奇的事。
>
> 我曾經壓抑著滿腔怒火閱讀那些評語，也曾經讀著讀著開始對自己的不足感到失望。然後我會再花數個月的時間重寫論文、投稿到其他期刊、退稿、重寫、投稿、退稿……一而再、再而三地經歷這些過程，我想這幾乎可以說是我這七年（若包含博士課程的話是十一年）的寫照了。幸運的是，我到目前為止有九本論文通過審查，已經刊登或即將刊登在期刊上，但因此而受到的「退

稿」數量，我想可能有將近十倍之多吧。

最初三年的論文遲遲無法通過，而這部分的論文數量將會與教學評鑑一起，左右我的終身教職，一直擔憂六年試用期過後會不會被「免職」，因此每每接到退稿通知都令我感到焦慮與失落。明明不懂建築卻受書名吸引，買了安藤忠雄的《安藤忠雄東京大學建築講座：連戰連敗》這本著作並悉心閱讀，也是這段期間的事。

唯一可以說的，可能就是這樣的經驗直接造就了今日的結果，讓我能夠從事經營策略的思考與教學工作。結果，到頭來重要的並不是有沒有好的創意或想法，而是「經過說明的創意」在「別人眼中看來」究竟好不好。

然後為了讓別人真正理解，要讓大家知道必須從樹幹的厚度、樹根的強度切入，而不是強調這棵樹多麼地枝繁葉茂。還有許多商務人士，包含「連戰連敗」時期的我在內，往往太在意樹枝或樹葉的部分。

仔細想想，此處所謂的樹幹與樹根，我想指的就是「目的」與「優先順序」。不過，雖然不同於賈伯斯所說，但回顧的動作只要留在最後即可，當下還是先看著前方，專注在眼前正在進行的事情上，如此前景才會更加清晰，否則只是在錯失眼前的機會而已。

我想從這層意義上來說，或許從一開始就不能害怕機會成本，而且要從反覆的機會成本與嘗試錯誤中，釐清置於核心部分的優先順序才是現實。各位不妨再次回想笛卡兒的「第二條準則」。沒有人知道笛卡兒的方法是不是最適，但與其在迷惘中坐視時間流逝，我想採取行動肯定是比較好的選擇。

# PART IV

# 如何使機會成本最小化
## ——達到真正意義上的目標共享

成就動機高的人容易陷入一項危險，就是在無意識之間，把資源分配到可以立即看見成果的活動上。

事實上，積極追求成功的人在私生活中，經常可以看見同樣的行為模式，這一點不免令人感到驚訝。明明內心的認知是沒有比家人更重要的事物，卻愈來愈少把資源分配在以往所說的最重要的事物上。

——克雷頓・克里斯汀生

CHAPTER

# 9

# 優先順序與機會成本

# 1 排定優先順序的困難

雖然前文已經討論過許多問題點，但說來說去，機會成本最根本的問題還是在於「優先順序」的錯置。在因為想做、因為引人注目，或因為會挨罵等原因下，只要著手處理這些「短期性」的課題，就能立刻看見結果，也會獲得一定的成就感。

不過這裡面存在著兩大陷阱，一是有限的資源使用在處理「短期性課題」上（既有資源的活用＝exploitation），而無法分配給「中長期性課題」（對創新的探索＝exploration）的機會成本。

另一個陷阱是，由於短期性的課題容易得到「結果」，因此更會催加「重視短期」的油門。尤其正如前文所述，當面對不好的結果，「全公司上下」會齊心協力，不過業績還是沒有提升，只好催促著再加把勁、危機意識不夠，導致問題愈演愈烈。

為什麼排定優先順序如此困難？

重新檢視前面的討論就會發現，根本的問題在於眼前「看得見的事情」比「看不見的事情」更引人注意、更容易著手處理。

與此相關且懸而未決的重要課題，就是「手段的目的化」。這不僅包含策略的制定，也包含資料分析、企業併購或多樣性。進行企業併購、董事會或組織由多樣性的人才構成，都是手段而非目的。不過有很多組織，有時甚至是應該提供那些組織建議的政府或團體，都在高聲疾呼將「手段」變成關鍵績效指標。

從某種層面上來說，這也是無可厚非的事。目的很多時候都是中長期性的，很難立即看見結果。此外，由於「中長期性」的說法帶有正面的語感，因此也很常被用來當作短期性虧損或失敗的「藉口」。不過這也是日本企業為何必須體驗「失落的十年、二十年」的理由之一。

只是正如前文討論過的，如果因此一味強調容易看見的、容易衡量的手段，不僅會產生許多機會成本，甚至可能持續處於「沒有意識到機會成本」的狀況下。經歷一再重組以後，好不容易捲土重來，正準備看看公司下一步的成長政策是什麼，卻發現有可能成為未來基柱的事業或技術，早已全部遭到裁撤……類似的情況很有可能發生。

圖表9.1的矩陣十分常見，包括史蒂芬・柯維（Stephen R. Covey）也曾在《與

**圖表 9.1** 重要性與急迫性的矩陣

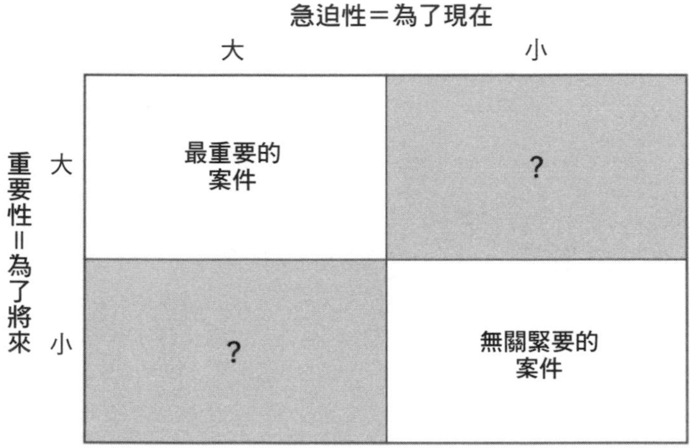


成功有約：高效能人士的七個習慣》（*The 7 Habits of Highly Effective People*）中提及。左上的緊急且重要的課題，當然必須立即處理，這是最重要的案件，基本上沒有企業會在這裡出錯（出錯的企業幾乎都會被淘汰，因此以結果來說，也有可能只剩下不會出錯的企業）。

問題是右上與左下，原本應該按照「重要性」去判斷，但很多時候都是「急迫性」勝出，而有所謂的「延後處理」。若以公司為例，假如上司命令：「立刻製作文件！」那麼勢必得放下其他工作來處理才行，但實際上那些文件常常只是「為了保險起見」才製作。

在社長即將拜訪重要客戶之際，部長會為了「保險」起見，到處指示員工準備這個、準備那個，但到了實際開會時卻完全沒派上用場，這是為什麼呢？因為大家都忙著準備那些「為了保險起見的文件」，所以造成無法專心投入心力在真正重要的主題上，或是陷入無法共享的惡性循環。我認為日本的年金或財政問題也幾乎是同樣的結構性問題。

不過這還是相對較輕的問題，至少懂的人還是能夠理解。真正嚴重的是，搞不清楚什麼最重要，或者幾乎以同樣的比重去衡量重要性與急迫性，使得判斷標準本身就有問題等等。甚至在那樣的情況下，幾乎所有人都認為自己是正確的。

正如前文多次提及，人如果有偏見，真正的問題不在於偏見本身，而在於「沒發現」自己有偏見。於是每當公司業績沒有提升，就會說「都是因為外部環境不好」，或說「第一線缺乏危機意識」。

再次重申，我不是在說那樣的經營團隊很愚蠢或很奇怪，而是「真心」地如此認為。所以，我的心態更加惡劣。

在思考這種問題時，我認為首先必須實踐兩件事：①明確共享目的（＝優先順序（重要性）」的判斷標準，②擁有宏觀的視野。以下我將進一步討論實踐這兩件事的方法。

機會成本來自優先順序的錯置，理由之一是「手段的目的化」，不過也有很多時候根本沒有注意到機會成本。

2

## 目的具體化：明確共享中長期目標與意義

明確地共享目的（＝判斷標準）這種事，我想就像公司的願景或使命一樣，是基本中的基本，但現實上也如同多數公司的願景或使命，沒有得到太多的理解。

對於公司的願景或使命中常見的「貢獻社會」、「全球化」、「創新」，應該沒有人會反對，但就像沒有人真正理解那是什麼意思（或許有，但幾乎都是按照個人喜好任意解釋），大家真的能夠理解目的或充分共享目的嗎？我對於現實情況感到十分懷疑。

當然，關於這個目的，從公司層級到部、課、專案乃至個人的工作等，由上至下有各種層級，無法全部擺在一起比較。只是無論課也好、專案或個人也罷，只要屬於組織的一部分，最終肯定都要達成組織的目的。本書一開始也提到「所謂的思考機會成本，其實就是思考決策標準或價值觀的意思」，正是這麼一回事。

那麼，為什麼沒能共享目的呢？

我想這是因為注意力總會受到「看得見的事物」與「手段」，也就是本書的主題所吸引，不知不覺間就疏忽了「看不見的」重要事物——目的。再說，有時也是因為大家覺得「目的當然很重要，所以不用說也心知肚明」，於是連搬出來討論的程序都輕易省略了。

離題一下，這裡帶各位看看相當於一般企業使命宣言的嬌生集團（Johnson & Johnson）信條[1]。雖然原文應該更長才對，不過此處僅著眼於優先順序，其餘予以省略。

---

1 引自嬌生集團網站（https://www.jnj.com/credo）。

**Our Credo**

*We believe our first responsibility is to the patients, doctors and nurses, to mothers and fathers and all others who use our products and services……*

*We are responsible to our employees, the men and women who work with us throughout the world. Everyone must be considered as an individual. ……*

*We are responsible to the communities in which we live and work and to the world community as well. ……*

*Our final responsibility is to our stockholders. Business must make a sound profit.*

這個信條有名的理由之一，是他們把「醫師、護理師、患者，以及父母親等所有顧客」擺在第一優先，而日本媒體經常強調的「股東利益」則擺在最後。儘管如此，嬌生集團擁有非常出色的業績與強健的財務體質，還是目前世界上唯二保有3A級信用評等的企業之一（另一家是微軟）。

在沒有人聽聞過大企業使命宣言的年代，這個信條卻因為一九八二年發生的泰諾止痛藥（膠囊）下毒事件，而在全世界聲名大噪。

從《芝加哥太陽報》接到通報的嬌生，立刻公布資訊提醒消費者注意（據說報導次數超過十二萬次，是甘迺迪遇刺案以來最高的數字），並決定將這項占全公司營收一七%的商品，總共三千一百萬瓶全數召回，同時向已經購買的顧客提供替代品，據說總成本超過一億美元。

儘管造成七人死亡，大家都說：「泰諾完蛋了。」但在這種「顧客第一」的應變與重新包裝之下，原本一度從三七%跌落至七%的市占率，兩個月後又再度攀升回三〇%。經歷過這件事以後，嬌生的員工（還有所有股東）都切身體會到，原來所謂「顧客比利益更優先」的使命宣示，並非只是口頭說說而已。

應該很多人都有這樣的經驗吧？就算從高高在上的社長或一心只在意在營收目標的上司口中，聽了一百遍「顧客第一」也沒有感覺，但只要有任何顧客說一聲「謝謝」，就忘不掉那種感動。

此外，在我與研究生共同執筆撰寫個案的株式會社 Gunosy[2]，那位用ＡＩ或

2 「株式會社 Gunosy」慶應商學院教材，二〇一七年。

演算法作為武器，靠著網際網路成為上市企業的年輕CEO福島良典也常說，經營的「核心」不是網路也不是技術，而是「顧客」。

「管理就是提高顧客滿意度的決策」、「上司不是部長也不是社長，而是顧客」、「只要是對顧客來說正確的政策，就比社長的意見更值得重視」等等。我想有一部分也是因為那個產業容易取得顧客的資料，但我也從此對於「所有經營決策都根據顧客資料執行，並滲透整個組織」的模式留下深刻印象。換句話說，與目的或標準的存在與否，相較之下，是否充分共享或滲透的重要性也不相上下。

共享目的唯一途徑就是盡量明確，並一而再、再而三地溝通，不厭其煩地進行確認。尤其在工作層面上，往往會以大家都清楚目的為前提，僅傳達「步驟」或「作業」的資訊，但是否真正理解「目的」，效率與效果都會有所不同。能夠發現與最初計畫不同、卻更好的方法，也要在真正理解目的的前提之下才有可能發生。

由此可知，目的的共享並不單純只是機會成本的問題而已，更是在策略或計畫上要將組織力發揮並執行至最大限度，一項非常重要的因素。關於這一點，我曾在拙作中介紹過圖表9.2的「溝通金字塔」。

然後另一件重要的事，是光靠語言（尤其是抽象的語言），雖然會讓人「覺得

**圖表 9.2** 溝通金字塔

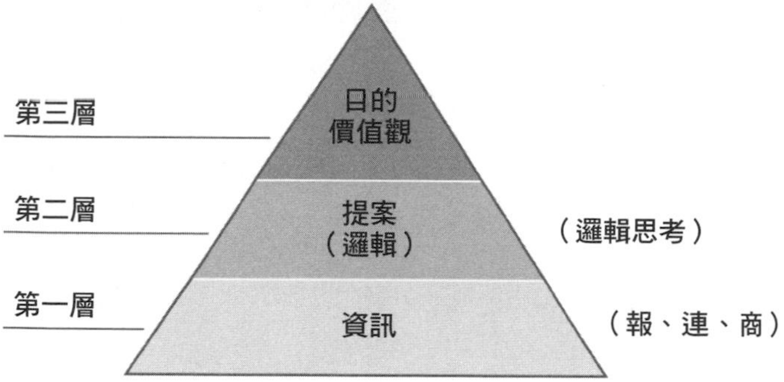


出處：清水（2011b）p.153。

懂了」，但真正的共享卻是很困難的。反過來說，唯有「領會」目的才算達到真正意義上的共享，因此需要經過「切身體會」，也就是「眼睛看得見、感覺得到的具體實例」。

事實上，我在指導慶應商學院碩士論文期間，自己也經常覺得「沒有比一般論更無聊的東西了」。每次在進行企業的研究，總是會有學生想要把那「一般化」，試圖導出抽象的教誨，好讓業界或規模不同的企業也能學習。我能理解學生的心情，但愈是為了達到一般化而使用抽象的管理用語，愈容易得到像是「顧客很重要」或「不可過度自信」等無聊的結論。

反之，（我想這恐怕也包含論文或小

說在內，對任何事物皆然）如果能夠充分表達具體的細節，也就是提供更生動、更令人身歷其境的敘述，讀者才能夠真正「領會」，並且「共享」教誨。

在東京中奧簡報中扮演重要角色的尼克·法雷（Nick Varley）曾經造訪慶應商學院，為我們進行特別授課。那堂課也曾在NHK的電視節目《白熱教室》上播放。當時的題目是：「如何向外國觀光客展現日本的優點？」

慶應商學院的學生組成團隊，各自發表豐富的內容，但他在講評時提出最重要的關鍵字就是「imagine」，也就是「請發揮想像力」。雖然引人入勝的辭藻、圖表與簡報也很重要，但能不能讓聽者具體描繪出訪日的場景、並想像那種感動才是一切，他的這番建言令我感到強烈認同。

一般在討論經營策略時常說：「先設想未來期望的模樣，然後再倒推回來。」我認為這句話是正確的，而且最好是在有一名領導者或眾人問題意識幾乎一致的經營團隊中。

不過如果要推廣「多樣性」，事情就沒那麼簡單了，假如成員數量增加的話，大家對於「表面的目的」可能只會左耳進右耳出，最糟糕的情況下，就像玩傳話遊戲一樣任意解釋，把黑的說成白的，或是「手段」聖域化以後，全公司上下一心努力，卻是朝著離真正目的有一段距離的關鍵績效指標奮鬥……很有可能演變成這樣的局面。

再次強調，再怎麼美好的目的或夢想，如果沒有「感覺」或「實感」，就不可能湧起想要達成的渴望或熱忱，結果只會被「手段」（或許是關鍵績效指標〔KPI〕，或許是手冊，也或許是勞動時間）困住，陷入「停止思考」的泥沼。不管是生活瑣事或是無聊的事，「感覺」與「實感」都必須要有具體性。反過來說，員工都是經由領導者或上司「瑣碎的行動」或「無謂的發言」，去理解那些工作「真正的」目的。

設計師佐藤大在與漫畫家松井優征的對談中提到，他採用藤子・F・不二雄把「SF」解釋成「有點不可思議」[3]的說法，認為那就是他的根基。[4]還說日常生活中的一點非日常，而不是一些異想天開的東西，才會創造出有趣的劇情。世界必須從非常高的地方眺望才能盡收眼底，但其實自己手中的一件小事情，不也是一沙一世界嗎？

3　譯注：日文發音為 Sukoshi Fushigi。
4　松井・佐藤（二〇一六）。

如果無法予人「實感」，就無法達成真正意義上的目的共享。

3

# 宏觀視野：考量投資組合與抵換

第一章介紹到兩種意義的「抵換」。一是「當前資源的抵換」，要讓當前有限的資源集中何處；反過來說，現在要捨棄哪個具有可能性的選項。二是「時間軸的抵換」，衡量現在與未來，不因為當前虧損就一律放棄或剷除，而是即使有盈餘也要把不具未來性的事業賣掉；反之，具有未來性的事業則繼續投資、壯大。

所謂思考如何抵換，當然是思考有什麼樣的選項。每一種選項各有各的特徵，例如有些屬於高風險高報酬的，也有些屬於低風險低報酬的，在決定選擇或捨棄其中哪一個之前，要先綜觀大局，這就是投資組合的概念。

換言之，要了解機會成本，必須先思考在現階段與未來的時間軸上，分別有哪些選項。雖然只看一個選項就「定案」，也不是說一定不會成功，但一般來說那樣的狀況普遍稱為「視野狹隘」。

此外，前面也討論過，一直尋找有沒有更多選項的「More is better」，也是一種過猶不及。總之，雖然必須決定如何抵換，但前提的必要條件是，要先從宏觀的視野去了解有哪些選項。順帶一提，「多樣性」原本的目的，就是要考量更廣泛的選項。

用投資組合去思考的意義，不僅在於機會成本而已，對於提高每一項決策的品質來說也很重要。對於組織而言，如果當前的策略或專案是唯一的課題，那麼即使有負面的回饋，當然還是會繼續堅持下去，設法取得成功吧。

不過，針對某項策略或專案的決策要一個一個獨立思考，判斷是成是敗、應該追加多少資源，又何時應該收手，本來就不是一件容易的事。對於組織來說，所有的決策都息息相關，因此如果資源分配要成為企業策略的核心，唯有綜觀大局，互相比較多項決策與專案，而非把每一項決策獨立出來評估未來性，才能夠更接近「整體最適」。

如果當前的策略施展不順，卻又無法否認其成功的可能性，或者即使還算順利，但有其他更有希望、效果更高的策略或專案，就必須把更多資源投入那一邊。反之，如果當前專案的結果不佳，卻也沒有任何有發展可能性的事業，自然會產生要在這個事業上賭一把的念頭。

正如本書一開始說的，包含企業或政府在內，各種組織要評價一項政策的好壞，必須具備整體投資組合的觀點，然而令人擔心的是，近來日本卻很常看到捨棄這種觀點，一味浪費時間的情形。

一般在思考投資組合時，會考量現階段的各種選項，而這在時間軸上也不例外，因為所謂的組織是由一連串的決策所構成，從中長期來看，絕非由單一決策來決定一切。

即使當前有一項好的決定，若下一個決定（例如：關於執行的決定）很差勁，不僅無法充分實現其價值，也可能出現相反的情況。不單獨思考一項策略或專案中的決定，而是考量該項決定的結果會在接下來帶來什麼樣的價值，不僅能拓寬策略評價的幅度，也能降低策略變換的不確定性或抵抗。前文提到的實質選擇權就是這樣的概念（當然有其極限），也可以說是學習效果吧。

舉例而言，從失敗的企業併購案來想好了，假如企業併購只有一次，對於經營者來說，自然會覺得無論如何都不能失敗，結果很容易變成即使業績惡化，也會有意識或無意識地樂觀解釋資訊，並忠誠於目標，為了將來的成功放手一搏。

不過，假如認為將來還有多次企業併購的機會，那麼即使這次的企業併購失敗了，應該還是能夠把那視為有益於將來發展的重要學習機會。前些日子，在慶應商學院的領導者研討會上授課的哈佛商學院蓋瑞．皮薩諾（Gary P. Pisano）教授也強調，這一點對於持續創新來說是非常重要的一點。或許一開始也可以做出放棄的決定，而不是勉強收購目標企業。

無論在商場上或在私生活中，經常都以「稀有性」為賣點，例如公寓的廣告即為典型範例，強調是千載難逢的機會。有時或許是這樣沒錯，但也有可能並非如此（以公寓來說，一旦市場景氣不佳，以往的「稀有物件」就有可能會充斥在待售市場上）。

此外，就算真的具備稀有性，又是否符合投資效益呢？具備展望未來的時間序列投資組合心態，才能夠從更現實的角度去理解現在的業績或未來性。

在整體投資組合之中進行比較檢討，以接近整體最適，而非針對個別案件進行獨立的決策。

4

## 如何擁有宏觀的視野

機會成本的最小化，亦即從組織整體來看，要排定正確的優先順序，並盡可能接近整體最適，必須擁有宏觀的視野，依據現在與時間序列的兩種投資組合，做出策略性的決定與抵換才行。「選擇與集中」也是如此，比方說滑雪有一種「混合式」的競技也是，如何兼顧複數且類型相異的課題，可以說是管理的困難之處，也是其精髓所在。

你能成為螞蟻嗎？你能成為蜻蜓嗎？即使如此，你依然是人類。

這是我的前雇主CDI創辦人，已故吉越亘先生在創業之初，每每引用的瀨島龍三名言。[5] 在吉越先生創業後首次對外發表的〈新聞NO.1〉後文中，他這麼描寫自己對於顧問業的想法：

腳踏實地的行動（螞蟻）、從我們這些第三者／顧客企業的高層、中階、第一線／競爭企業／市場（若是消費財的話，就是消費者）出發的複眼式觀點，還有整體策略的平衡感與各種判斷（者），是思考經營策略時的基本要件。

為了從組織的立場做出好的決策並徹底執行，除了領導者與各自的成員要滿懷自信採取行動，如何兼顧另外一面，也就是正視現實並持續保持謙虛態度的能力，也很重要。

史丹佛大學的傑夫瑞・菲佛（Jeffrey Pfeffer）與羅伯・蘇頓（Robert Sutton）兩位教授在《真相、傳言與胡扯》一書中論及這種「有智慧的領導者」時，舉同所大學第一位取得終身教職的女教授法蘭西絲・康利（Frances Conley）為例。康利教授與神經外科醫師下屬談論惡性腦瘤患者時，會坦誠告知有哪些選項、分別有什麼優缺點，也會誠實面對自己不知該如何抉擇的現狀。不過，據說當她與她的團隊面對患者時，雖不否認疾病的嚴重性，她的團隊卻自信滿滿表示已經選擇了最佳的

5 參考CDI網站（http://www.cdi-japan.co.jp/column-news/page/9/）。

治療法。

如此「驟變」的理由是，康利教授強調患者的心理狀態對生存很重要，生存的意志與信念才是最好的治療法，我想同樣的說法應該也適用在策略的決定與執行上。在為了「保險」起見、發言曖昧不明的領導者底下，部下根本不可能主動挑戰。

菲佛與蘇頓兩位教授以此為例得出的結論是：「給經營者的啟示相當明確，在個人抱持疑問或感覺不透明，承認自己的知識或能力有限的同時，必須展現出能讓他人拼命努力並忠誠於目標的自信。」

問題是為了解決這種經營上的根本性困境，如何才能擁有，不，應該說如何才能持續擁有可以揚棄（aufheben）不同觀點或課題的宏觀視野。正如前面「承諾升級」的部分，還有行為經濟學或心理學一直以來所強調的，人類是偏見的生物，即使萬般小心，仍會在無意識之間變得過度自信或視野狹隘。

彙總目前為止針對機會成本最小化，與如何實現整體最適的討論，將會得到圖表9.3的結果。

前面我們已經了解到「WHAT」，也就是為了讓機會成本最小化，擁有宏觀

**圖表 9.3 機會成本最小化與如何實現整體最適**

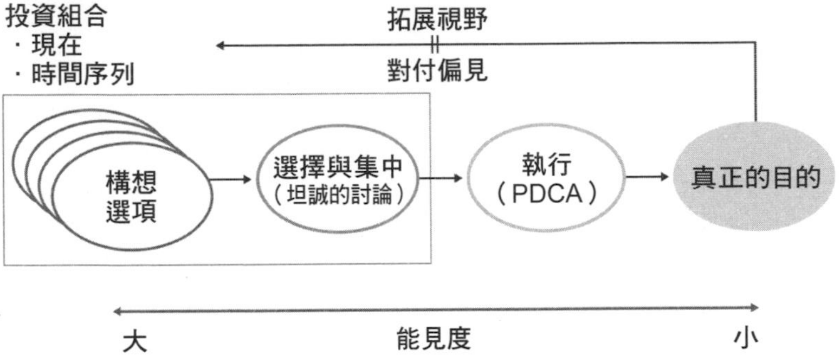


的視野，從現在與時間序列兩種投資組合角度，進行策略性決策與抵換的重要性，從下一章開始，則要稍微深入思考關於如何處理的「HOW」。

必須做的事情恐怕多不勝數，但如果因此陷入什麼都必須做的「分析癱瘓」、「more is better」症候群，那才是真正的機會成本。因此，從下一章開始會分別針對以下三點深入探討。

一、釐清目的（＝原點）。

二、對付偏見。

三、執行。

CHAPTER

# 10

# 如何應付機會成本 1

## ——釐清目的與原點

## 1

# 避免手段目的化

前文提到，機會成本生成的最大原因，是在不知不覺間忘記真正的目的，混淆優先順序，還有「手段的目的化」。此外，很多時候即使每個人都以為自己知道目的，解讀的方向還是會因人而異。

此時即使高聲疾呼「投資組合」或「抵換」，事情也不可能因此有定案。組織的決策之所以會成為政治工具，就是因為大家並不清楚、也未能共享目的。從結果來說，只會變成每個人各自解讀而已。

東京大學特聘教授片田敏孝在《日本經濟新聞》晚報上連載的〈保護生命不受海嘯威脅〉（二〇一八年三月五日至九日），讓人再次意識到「目的」與「手段」（或計畫、手冊、標準）的不同是多麼重要。

在東日本大地震中受到海嘯侵襲的岩手縣釜石市國中小學防災課程裡，通常都會出示防災地圖，但聽說有很多學童因為自己家在浸水區域之外而認為「我家沒有問題」。防災地圖只不過是一種預測，現實狀況如何則不得而知。因此，據說「不要相信防災地圖」是避難的第一原則。

在地震發生當天，學校因為停電而無法廣播，一群足球社的學生靠自己的判斷在第一時間開始避難。以下直接引用三月八日當天的內容：

> 孩子們衝向事先規定好的老人照護機構，然而當他們看見建築物旁的山崖正在崩塌後，「這裡也很危險，逃到更遠的地方去吧。」做完判斷後，便逃向更高的地方。機構裡的入住者與附近居民也因此得救。

實在令人動容。

前往規定好的老人照護機構避難只不過是一種「手段」，而那些中學生能夠依循保命的「目的」憑著自己的頭腦思考，正是因為他們沒有混淆手段與目的。反之，又有多少企業明明眼見「山崖」正在崩塌，卻認為「大企業不用怕」、「規定就是這樣」、「船到橋頭自然直」，有意識或無意識地不去正視現實，一味執著於特定手段呢？

依循前例或遵守規定是很輕鬆的事。在沒有規定下採取的行動，有時甚至是不守規定的行動，肯定會伴隨著風險。不過如果清楚知道「目的」，就會產生冒險的勇氣。沒有什麼事情比執著於既存手段更輕鬆，也更危險。

2

## 貫徹基礎原則，是簡單卻重要的事

慶應商學院從二〇一五年開始的EMBA在職專班是由經營共創基盤（IGPI）的CEO富山和彥與董事田原幸宏所負責，他們提出的「WHAT—WHEN—HOW—WHO」架構非常具有參考價值。

正如本書的主題，經營者最重要的工作是決策，尤其是困難的決策。要做什麼、不做什麼、哪個時機最恰當，就是「WHAT—WHEN」。即使實際做出決定，只要組織沒有採取行動，一切都是「紙上談兵」。富山先生說，那些義正詞嚴搬出「大道理」的顧問就是最麻煩的人。換言之，即使知道WHAT，也必須了解付諸執行的方法論HOW，以及實際運作組織時必要的關鍵人物WHO，也就是「你能成為螞蟻嗎？你能成為蜻蜓嗎？即使如此，你依然是人類」。

事實上，所謂「照本宣科」在商場上和「光說不練」或「死讀書」一樣，常被當作負面批評，不少時候還會過甚其詞地補上一句「所以MBA根本沒用」。舉例而言，星野集團的社長星野佳路（康乃爾大學飯店管理研究所碩士）與日本交通的會長川鍋一朗（麥肯錫出身，西北大學凱洛格商學院MBA），都曾有過試圖「照本宣科」卻遭遇挫折的經驗。

在顧問公司服務十年，在美國教書十五年、回到日本在慶應教書八年的我，也認為「讓組織運作並不簡單」，如今的我時而提供意見，時而指導學生。

不過最近我卻開始覺得「是不是弄反方向了」，或許也是因為MBA熱潮退燒，我感覺好像有點太過強調「充分條件」，例如，一味強調「領導者最終講求的還是膽識」、「談判力很重要」、「思考對方的利益」等等。

當然，這些點很重要，不過如果「必要條件」沒有確實滿足呢？事實上，就像戰國時代不一定是「勇猛果敢的武將」會獲勝；能言善辯的律師（或政治家？）或許賺得了錢，卻也不見得幸福。

我之所以開始思考這些事情，也是在前述EMBA專班中的另一項發現。EMBA的學生至少都有十五年社會經驗，對於在組織中該如何採取行動，還有如何才能讓部門（或上司）順利運作都有充分的經驗，相較於參與同一課程的年輕MBA學生都比較注重WHAT，他們非常清楚HOW或WHO的重要性，其中也有人反映說：「那不是理所當然的嗎？」

不過進一步詢問之下，他們似乎有意識到「原來我們只注重HOW－WHO，都沒關心其他事」，開始反省自己不夠努力，只憑著HOW－WHO（或是察言觀色）去磨練自在悠遊於組織中的技術，而沒有真正根據原則論去徹底思考WHAT－WHEN。不知不覺間，察言觀色變成了目的。

其實在那些所謂「能幹」的人之中，有不少這種「HOW－WHO」型的人。就像說「我靠自己的方式練好高爾夫……」這種感覺一樣，雖然可以練到一定程度，但一旦到達極限就會不知該如何是好，因為沒有原理原則為基礎。

反之，在與前述的 Gunosy 福島CEO或 JINS 田中仁社長對談後，我發現這些年輕創業家在管理上循規蹈矩，可說是相當地「照本宣科」。此外，在前述的〈保護生命不受海嘯威脅〉連載中，也提到一位學童表示：「**我們按照自己在學校學到的指示去執行才保住性命，所以有這麼多朋友獲救並不是奇蹟，而是實績。**」

《星野集團的教科書》（星野リゾートの教科書）中提到，星野社長按照教科

書上的理論，不僅失誤變少、對決策更有自信，對員工也能夠清楚地說明自己的判斷。此外，三住前社長三枝匡也在根據自身企業改造經驗所寫的著作中，提出類似的言論。[1]

當然，我絲毫不認為人類是只講道理的理性動物，不過如果不在掌握原理原則的前提下提出這樣的言論，我想到頭來恐怕會脫離正軌，迷失真正的目的，或是「讓組織運作本身變成目的」。

實際上對於第一章討論的策略本質，尤其是這次最大的主題「差異化」與「抵換」等「教科書式原理原則」，大家又有多嚴格遵守呢？難道沒有人濫用「你去想辦法做好」等授權的說詞，任意地「把事情全部丟給第一線」嗎？

與「坦誠討論」有關的是，有些人會說「本公司比較特殊」或「人類不是那麼簡單的生物」，拒絕接受投資組合或抵換的概念，我希望那些人不妨試著說說看：「照本宣科有什麼不對！」

說來說去，我想經營理論就是「地圖」。正如星野社長所說，地圖不是絕對，

1 例如三枝（二〇〇二）。

但使用地圖可以大幅降低不安或風險。當然，也有些經營者具備「野生的直覺」，不用地圖，照樣可以抵達目的地。

不過在大部分情況下，那些說「教科書才沒有用」或「經營理論根本沒有意義」的人，可能根本不曉得目的地在哪裡（很多時候連自己的所在位置也不知道），或是一直在根本不需要地圖的原地打轉。

3

## 不可忽略的一環：謹慎檢視計畫結果

最初的目的有沒有偏離原點，必須先從政策或策略的結果檢視。當然，正如前文所述，不能單純地解釋說虧損就是不好的、盈餘就是好的，但無論如何，如果對於現狀沒有正確的認識，勢必無法採取下一步行動。

雖然乍看之下這好像是「理所當然」的事，但很多時候都沒有徹底執行。第一章在3C部分也有提到，第三章關於部門別損益或商品別損益的部分，也很多沒有確實採用作業基礎成本法的情形。

尤其在推動新專案時，很多時候都「以成功為前提」，沒有積極思考「萬一失敗了該怎麼辦」的問題，有時甚至會成為公司內部的禁忌。在做出決策後，經營者的注意力轉移到其他新專案或其他案件去，完全不管原本那項策略變得如何，儘管這類情況意外地多（口頭上強調ＰＤＣＡ，實際上卻變成ＰＤＰＤ），卻似乎遲遲沒有獲得改善。

與「坦誠」有關的是，孕育出「測量」的文化，作為不迷失目的的大前提。當然，像是亂設關鍵績效指標、搞不清楚什麼是什麼的「more is better」症候群，並不在討論範圍之內。

舉一個有趣的例子，我在美國期間曾去一家多國籍企業參訪，主題是「重要的決策變更」，但一開始沒什麼人能提出實例。我想環境變化應該很劇烈，競爭也很激烈才對，所以我一度疑惑，難道那家企業一切都運作得如此順利？但仔細詢問之下才知道，在好幾個例子當中，即使是課長、部長級別的人，當切換成其他方針或系統時，都沒有「變更」的認知。換句話說，那些被認為老舊、成效不彰的營業方針或公司體制，都在未經檢討的情況下「自然死亡」了。

這種心照不宣的自然死亡模式隱藏著很大的問題。大家都知道那些自然死亡的方針或體制運作失靈，但由於是在心照不宣之中葬送，因此不曉得為什麼會失靈。

不，或許每一個人都心裡有數，卻不曾公開討論或當成全公司的知識互相共享。

因此，將來有可能會重蹈覆徹，或是每個人對於相同的事實都有截然不同的選擇性解讀，討論起來如雞同鴨講。關於組織體制或人事制度也做過同樣的事情，因為運作不順而放棄，一段時間以後，又更換領導者或是跟隨社會流行採取同樣行動，然後再度失敗……類似的例子恐怕不在少數。

「自然死亡」的另一個問題點是，一個不小心有可能會長生不老。如果誰也不開口說：「這是錯的，不要再繼續下去了。」那麼不管是長期虧損或缺乏未來性，總之十分有可能會歹戲拖棚，尤其是由（前）社長或創辦人發起的事業，即使大家心裡都明白已經山窮水盡了，還是會設法找來好消息（正當化偏見），刻意編造苟延殘喘的理由，甚至連一些如果創辦人在世，肯定會親自廢除的事業，都有人說是公司的象徵，不斷拖延下去，期望哪天有人會解決這個局面。

其實關於「測量結果」這件事並未確實執行，有個很好的案例，那就是東日本大地震中，東京電力福島第一核電廠一號機的冷卻工作。在被媒體描述為「驚慌失措」的官邸所給予的各種壓力或缺乏整合性的介入之中，特別值得一提的中止海水灌入命令，該發電廠的吉田昌郎所長在電視會議中表示，（東京電力）自己已按照總部的指示下達中止命令，但現場依然堅持繼續灌入海水，這件事正好對照出官邸或總部的支離破碎，並且透過各種管道被大幅報導。

不過根據NHK採訪組的報導，「吉田所長的決斷，在海水灌入作業中抵達核反應爐的水幾乎是〇！」[2]實際上水都經由「裂縫」流出去了。結果這些水侵蝕了水泥，不僅沒能防止爐心熔毀，甚至製造出塊狀的「燃料殘渣」，對廢爐作業造成極大的障礙。雖然官邸發表說：「一號機注入海水後，水位逐漸恢復。」但實際上這只是看到海水注入行動後提出的臆測而已。

在事後的採訪中得知，其實液位計絲毫沒有上升，不過當時以吉田所長為主的關係人都處於極度疲勞中，認為「液位計是不是壞了」或「水應該有進去才對」，連柏崎刈羽核電廠的橫村忠幸所長看見液位計後提出質疑，最後他的建言還是不了了之。

到頭來他們只是覺得「應該有測量才對」，明明召集來這麼多專家，經歷多番折騰，卻連優秀的人才也不敵疲勞與混亂，一般而言，我想很少會發生如此嚴重的

2 NHK特別節目《爐心熔毀》採訪組（二〇一七）。

事，但絕對不能忘記「是否真的在必要的時候，測量了必要的項目？」這道基本問題，而且要再次強調的是，再怎麼優秀的人都會在不知不覺間受到偏見影響，如果光是「注意」而已，往往會在真正重要的時刻被絆倒。

分析電視會議的其中一名採訪組成員提供了以下的觀點，我認為他明確點出此處的重點。

雖然吉田所長一直說，絕對不能講應該，要充分確認後再發言，但可能因為他也是發言次數最多的人，所以其實吉田所長本人，才是最常講「應該」的人。

## 4 要做成一件事，必須用減法而非加法

所謂以「差異化」與「抵換」為基礎的策略，本來就應該把焦點放在「掌握清晰的本質」才對。

不過現實上又是怎麼一回事呢？就像這也想做、那也想做的情況一樣，即使決定好一個方向，還是會覺得應該那樣做、這個也加進去好了……只要感覺稍有關

聯，就會不斷增添新的政策。

有一部分的心態應該是把「機會成本」當作盾牌，認為機會難得所以不想錯過，另一部分應該是出於政治考量，擔心如果自己的部署不參與，在公司內部的地位就會降低。從領導者的角度來看，如果許多部門都積極提供各種想法，應該會深受感動地覺得「全公司性的」策略既已達成，並且想要積極採納大家的想法，但這是錯誤的。

再次重申，策略即差異化，為了達成差異化，必須將資源集中投資在能夠製造差異化的部分（通常是與「強項」有關的部分），不過如果那個也做、這個也做的話，資源就會分散成「均霑式」，什麼也無法達成。

二〇一八年新春的《華爾街日報》上，刊登了一篇波士頓顧問公司出身、現在在加州大學柏克萊分校執教鞭的摩頓・漢森（Morten T. Hansen）教授的文章，題為〈如何獲得商業成功？少做〉（*How to succeed in business? Do less*〉[3]。

「我進入波士頓顧問公司時，工作時間比誰都長，不過我的同事明明比我早回

---

3 "How to succeed in business? Do less: Top performers accept fewer tasks and then obsess over getting them right," *Wall Street Journal*, Jan. 12, 2018.

家，績效水準卻比我高。」這篇文章從他深受衝擊的原委開始寫起，強調排定優先順序，並鎖定一到兩項最重要項目的重要性，同時提出奧卡姆剃刀（Occam's razor，無論是哪個領域的問題，最簡約的答案往往最接近正確答案）加以說明。

他透過受託進行實務訓練時，將一開始準備的十五頁簡報濃縮成四頁，最後再濃縮成一頁與ＣＥＯ討論的經驗，他體驗到「鎖定真正重要事物的重要性」。如果有餘裕，就會什麼都想要收錄進去，甚至在某些情況下，純粹為了「炫耀」或「政治」因素這麼做。乍看之下選項增加，也感覺更有說服力，但其實因為不斷提出各種想法，導致ＣＥＯ的注意力從真正重要的事情上被分散開，同時也模糊了自己最想傳達的重點。

反過來說，鎖定「（對顧客來說的）價值」，然後可以將訊息精簡至什麼程度，才是策略提案或討論的本質。哲學家布萊茲．帕斯卡（Blaise Pascal）曾說：「如果有時間的話，我就可以把信寫得更短一點了。」而其他工作也是同樣的道理。

其實我也有過相同的經驗，前面在「筆記Ｂ」的部分也有提到，我在ＭＢＡ留學時，第一次被要求用英文辯論，結果多番嘗試錯誤以後，我得到的心得是：該發言時要發言，但內容應該盡量簡短。簡短摘錄如下：

這是我在讀MBA時期的經驗，不管是美國人還是日本人，都很常出現「說了很多卻不知道想表達什麼」的發言。聰明的美國人還可以設法講得頭頭是道，但不擅長英文的日本人（也就是我）卻不太可能做到這件事。大多數情況下，都是講得愈多傷口愈大。我想主要的理由恐怕是因為，我們並沒有弄清楚自己「真正想講的事情」。到了MBA後半期，我學會先問自己「想要表達什麼」，發言盡量簡潔。

正如前文所述，關於策略還有相關的分析或資訊，一般人常有根深柢固的想法，認為「more is better」，愈多愈好。就像金錢一樣，最好資訊或分析也是愈多愈好才對，因為這樣應該能夠做出更好的策略決策。

這不見得一定錯誤，但也不能說完全正確。套句史丹佛大學菲佛與蘇頓兩位教授的話來說就是「half-truth」，是最容易誤導人的惡意偏見。為什麼呢？因為如果要尋求更多的分析或資訊，不僅要耗用責任部門的時間與勞力，如果要進一步解釋，還需要消耗經營高層的注意力與時間，不知不覺間就會忘記目的，或是手段反而變成目的。使目的明確而不被遺忘的現實方法之一，就是在忘記之前採取行動，不要讓分析占去太多時間。

從這層意義上來說，孫正義先生所說的「要做成一件事不能用加法，必須用減法」可謂為名言，也就是我在拙作《策略的原點》或《領導者的基準》當中所寫的：「不能混淆樹幹與枝葉」。

枝葉或花朵乍看之下既漂亮又顯眼，但那很多都只是過渡性的東西，必須有穩固的樹根與樹幹才有可能存在。儘管沒有必要無視「最近的管理手法」，但若不清楚掌握公司的根幹，不僅派不上用場，甚至有可能因為追求那種流行，而因為機會成本蒙受損失。

寫出暢銷書《誰在操縱你的選擇》的盲人教授艾恩嘉，曾在造訪慶應商學院時發表以下這番談話：

關於選擇這件事，優先順序當然很重要。首先，我希望你寫出你認為自己必須做的事，並標上重要度的順序。所謂排定優先順序並不是標記號碼，而是排好順序以後，把三號之後的項目全部忘掉。

CHAPTER

# 11

# 如何應付機會成本 2

## ——對付偏見

1

## 知道「自己不會意識到自己的偏見」

人與人所構成的組織對於偏見非常脆弱，總以為自己有明確的目的，卻不曉得從什麼時候開始專注在手段的達成上，或是不知不覺間熱衷於眼前看起來急迫性更高的小課題上，而忽略重要性更高的課題。連像吉田所長這種看盡大風大浪的老手，也會一邊說著「絕對不能講應該」卻動不動就講出應該。

想一想更貼近生活的例子好了，或許有人也有過這種經驗，有人明明看起來醉得一塌糊塗，卻一直堅稱自己「沒有喝醉」。那只是灌滿酒精的大腦讓人說出這種話而已。

同樣地，嘗過成功滋味、受到媒體吹捧的經營者，或許自認為「我並沒有驕矜自滿」，但實際情形卻是當局者迷。這是我在《日本經濟新聞》專欄中介紹康納曼教授《快思慢想》（*Thinking, Fast and Slow*）的時候，命名為醉漢困境的現象。

所以「注意」或是「說給自己聽」其實沒有什麼用。正因為如此，才會說是偏見吧。因為問題在於即使特別注意，也不會產生自己在做無益之事的自覺。

甚至連康納曼這種研究人類決策偏見而獲得諾貝爾經濟學獎的教授都說：「我不曉得自己的決策品質有沒有因為這項研究而提升。」若從吉田所長的例子來想，或許更應該視之為正視現實而非謙虛。

另一方面，康納曼教授也指出，人雖然很難懷疑自己的直覺，「但在別人快要踏入地雷區時，很容易就能指出這件事」。從這層意義上來說，我認為人的決策幾乎就像醉漢一樣是自說自話，反過來說，身邊有沒有一個願意指出「盲點」而且可以信賴的第三人，對經營者（或準經營者）來說是非常重要的。

這樣一想，許多成功企業都有兩名創辦人似乎不是偶然，從早期的本田宗一郎與藤澤武夫、井深大與盛田昭夫、飯田亮與戶田壽一，到海外的賈伯斯與史蒂夫・沃茲尼克（Steve Wozniak）、賴利・佩吉（Larry Page）與謝爾蓋・布林（Sergey Brin）等比比皆是。

許多狀況都能在功能性的互補關係組合下解決，比方說「天才技術家與天才財務家」（例如本田），但我想無論是創業者還是大企業的經營者，應該都需要「可以信賴的夥伴」。

照理來說應該很優秀的領導者，也會有橫衝直撞的時候；人稱中興之祖、轉衰為盛的功臣，也有可能晚節不保。這並不是因為那些人「有問題」，而是因為他們以為「自己一直在為公司著想」。

此時需要的是能夠提出忠告的夥伴，或是即使領導者當場反駁，事後還是能停下來思考「既然連他都這麼說了」的信賴關係，因為組織裡的信賴，就是可以提出忠告的關係。

只是這裡的重點是「忠告」而不是「煞車」。如今不僅企業界如此，連政界或體育界也經常有人呼籲：「要提醒領導者踩煞車。」

或許從旁人眼中看來確實如此，但人往往最討厭「遭到否定」，尤其是那些能夠成為領導者的人，甚至有些人一旦遭到否定，明知不好還是會做無謂的堅持，或是為了爭一口氣而努力過頭。

從這層意義上來說，夥伴要扮演的角色並不是煞車，而是像方向盤一樣，在領導者好像快偏離正軌時，能夠直指出對方隱約在擔心的事，或者提出一些條件協助對方回到正軌。[1]

扶植 Dropbox 或 Airbnb 等企業的 Y Combinator 這家創投搖籃組織，原則上規定「不投資只有一名創辦人的初創公司」，因為如果只有一人，先不論本來負擔就很沉重了，還有另一個理由是「沒有共同創辦人的事實本身，就是無法獲得朋友信賴的證據」。[2]

雖然按照自己的想法做事（跟隨直覺）很痛快，聆聽他人的建議很痛苦，但就像運動練習後會感到肌肉痠痛，疼痛是一種暗示我們自身成長的信號。

## 2 打造不易產生偏見的組織體質：接受刺激

假如已經存在偏見，那麼即使得到負面回饋，也會說那是「一時的」或「沒什麼大不了」而不加以檢討，或即使檢討也只是草草了事，等到真的發現事態嚴重時，事情往往已經惡化到無法收拾的程度。

換句話說，很多經營者或組織只是「以為」自己有在注意，現實上卻漏看那些與自己看法不同或沒有相關經驗的資料，或是在無意識中視而不見。正如前文所

1 對於這一點有興趣的讀者，請參考清水（二〇一六）的「論文篇」第二章〈不是因為「正確」，而是因為「interesting」才讓人印象深刻?〉

2 Stross（2012）。

述，這樣的情形也曾發生在福島第一核電廠中。

如果擔心偏見產生（就像「喝醉」的情形）後很難處理，可以事先防患於未然，以組織或經營者的立場多加接觸不同的想法或嶄新的看法，如此一來似乎可以接受多方刺激，打造出不易產生偏見的體質。

以下我想根據我過去的一些研究[3]提出幾種「機制」，可以避免因為過去的經驗而陷入視野狹隘，或是陷入過度自信而忽略重要的資訊。

## 定期聘用外部董事

根據過去的研究顯示，組織的策略變換不僅會受到經營層交替影響，也會受到董事的交替影響。日本關於公司治理或外部董事的討論，幾乎都集中在負面新聞或管理審計上，但原本外部董事的角色就是在鼓勵承擔風險。一般對於那些具備擔任企業領導者、學者或律師等經歷的外部董事，期待的並不是要達到效率化的目的，而是要對經營層提供各種追求創新的必要建言。

建言包括指出該組織內部人士所不了解的偏見，也包括提供新見解。正如第三章的分析部分提過的，可能是對於經營的「直覺」進行驗證活動，也可能是反過來鼓勵「直覺」。

但即使是外部董事，假如董事任期太長，使得董事會成員固定下來，看法或想法僵化的危險性也會增加。如果這份職位在收入面上的條件相當誘人，那麼即使是為了討高層歡心而產生政治性意圖，恐怕也不足為奇。

董事的頻繁交替，雖然從組織、事業相關熟悉度或持續性來看，是扣分或缺乏效率的，但只要想一想「原本的目的」，若問題不是在聘用外部董事與否或聘用多少人，似乎就有必要制定一套讓董事會時常採納「新見解」的規定：制定外部董事的任期。

以美國的企業為例，像是賈伯斯回歸蘋果，還有最近奇異的業績大幅滑落時，都曾發生過董事會大洗牌的情形，但我認為這是早在那之前就該做的事。不能因為逃避短期的機會成本，就錯失掉防大患於未然的機會。

3 例如 Shimizu（2000）；Shimizu and Hitt（2004）；Shimizu（2007）；Shimizu（2018）；清水（二〇〇七 b）；清水（二〇〇九）。

## 善用結盟策略

如今，和其他企業結盟（聯盟、合併）與企業併購一樣，是重要的策略之一。通常結盟策略，被定位在進軍海外或挑戰新事業等無經驗領域時的策略選項，透過與其他企業的交流往來或共同合作的經驗，不僅可以重新檢視自己公司的文化或觀點，在強化策略彈性面上也具有很大的價值。

首先，透過與其他企業的交流往來，可以認識各種自己公司缺乏的觀點或思維。雖然這種差異（尤其是企業文化的差異）很常被視為結盟上的問題點，但其實這種差異才是光靠自己公司絕對無法獲得的重要資源。透過與其他企業結為聯盟，能夠推翻原本公司內部認為理所當然的事，或是得到以往從沒思考過的想法。

還有，透過活用這些觀點或想法上的差異，並思考更有效果的策略或組織營運的經驗，一方面可以鼓勵公司內部的多方意見交流，同時學習到可活用技巧知識的可能性也會擴大。當然會有「因為企業文化不合，所以結盟也沒有意義」的情況，但也必須知道「正因為企業文化不合，所以才有結盟的意義」。只要「目的明確」，結盟有各種操作方法。

我以前曾經統籌過大型貿易公司與金融機構的「聯合幹部研習」，雙方都皆大歡喜。在感受到負擔的情況下，雙方的「本性」都會顯露出來。行動導向的前者碰到擅於精算風險的後者，雙方的文化在討論中肯定會互相對立，但那似乎讓他們都得到許多新發現。

雖然有人會自嘲：「本公司的常識是社會上的非常識。」但平常很少有機會可以「體驗」到這種狀況。從結果來說，一心認為公司的奇怪做法或習慣都是都市傳說，而不採取任何對策，致使視野愈來愈狹隘的情況並不在少數。

## 從零開始重新檢討

不管在制定當初是多麼好的規定，只要環境改變、技術改變還有目的改變，勢必會變得陳腐或缺乏效率。我想公司內部雖然經常提到要檢討規定，但是不是很多時候只有討論到「如何才能改善現在的規定」，而沒有討論到「如果拋開現在所有的規定，從零開始制定的話，該怎麼做比較好」的議題？

這也是一個忘記最初目的何在的「手段目的化」好（壞？）例子。從結果來看，在既得權益或組織的妨礙之下，似乎很多時候都只是屋上架屋，換湯不換藥而已。

規定本身並沒有罪，陳腐化或目的化才是問題所在。既然如此，藉由定期自問「最初的目的」，事先決定好從零開始檢討的機制，應該就能將弊害降至最低。

正如第五章所述，英特爾的摩爾與葛洛夫在決定撤出事業或高層人事異動時，都以具備「如果換作是新CEO……」或「如果接下來要投入（或聘用）……」等觀點著稱。

此外，由美國德州儀器（Texas Instruments）開始試行的「零基預算」（zero-based budgeting）制度，在兩家公司開始採行後，雙雙獲得重大成效，分別是百威啤酒釀製商安海斯—布希公司（AB InBev），以及收購亨氏（Heinz）等公司的3G資本（3G Capital）。如今像可口可樂與金寶湯（Campbell's）等公司也開始採行。

## 在決策過程中刻意檢討反對意見

為了從多種觀點評估策略或專案，由團隊而非個人來討論各種可能性並評估結果，當然是比較理想的方式，畢竟「三個臭皮匠，勝過一個諸葛亮」。

不過也有很多研究顯示，由團隊進行決策不見得比較好。舉例而言，著名的

「團體迷思」（Groupthink）即為一例。這個概念出自於耶魯大學教授暨心理學家艾爾文・詹尼斯（Irving Janis），他以甘迺迪政權的入侵古巴計畫（一九六一年）、韓戰（一九五〇年）、珍珠港事件（一九四一年）為題材，探討團體決策問題點，將研究記錄在《團體迷思的受害者》（*Victims of Groupthink*）。

詹尼斯將團體迷思定義為：「團體成員為了維護團體的凝聚力、追求團體和諧共識，而犧牲掉現實評估其他可行辦法的思考模式」。他認為約翰・甘迺迪（John F. Kennedy）即便身邊人才濟濟，卻還是批准了入侵古巴的草率行動，並在歷史上留下敗績，原因就是這個團體迷思。

若追求團體和諧共識，眾人無法自由交換豐富意見的話，得到的決策將會比個人進行的決策更差。最近流行的「多樣性」也是，不會因為有第三人參與或是有女性或外國人加入，大家就會「自動」提供各種坦誠的意見，進而提高決策的品質。

正如許多人都經歷過的，一般來說情況正好相反。就像第三章介紹到挑戰者號的例子，還有第四章提到電梯實驗、紐約曼哈頓槍聲等例子，不少時候都是因為有很多人，所以大家都認為應該有其他人會出面、或許自己是個例外，或者不想打破和諧等，理由不一而足，如此自重或自保的結果就是使討論停滯不前。

團體或許是各種意見交流的必要條件，尤其是多樣性人才構成的團體，但這並不是充分條件。明知如此，卻依然發生「手段的目的化」，應該是受到「眼睛看得見」的效果影響吧。

為了避免陷入團體迷思，好讓團體的利益最大化，則如後文所述，「坦誠的討論」是不可或缺的充分條件。更短期性的一種方法，是刻意將與主流意見相反的意見帶入團體的討論當中（Devil's advocate），由幾名出席者扮演反對派，即可從策略的替代方案或結果等各種角度，進行更綜合性的評估，尤其對於那些因為過去的豐功偉業而容易過度自信的組織來說，相信具有很高的價值。

只是領導者要真正有效運用Devil's advocate，也必須注意自己的態度還有組織文化，如果沒有願意接受批評的態度，就算說是Devil's advocate，最後也很有可能只是做做樣子而已（這也是手段的目的化）。

前英國首相邱吉爾（Winston Churchill）有一件著名的事蹟，他深知部下敬畏自己，擔心難以掌握負面消息，而特別設置「專門收集負面消息的部署」。

## 事前驗屍法

康納曼教授在《快思慢想》中介紹到一種方法，可以將過度自信造成的失敗最小化，那就是事前驗屍法（premortem）。

想像我們已經過了一年，我們完成了這個計畫所說的一切，它的結果是大災難，請用五到十分鐘來寫下這個災難的歷史。

藉由提供思考這種問題的機會，可以打破隨著計畫進展愈來愈難以發表反對意見（一旦說出口，就會被質疑對公司或上司的忠誠心）的團體迷思，比較容易自由交流意見（以結果來說，有報告顯示團體比個人更容易變得極端過度自信）。

雖說單獨一人無法認識自己，但這個想法是由康納曼教授的「敵對性共同研究者」蓋瑞・克萊恩（Gary Klein）所提出一事，似乎也頗令人玩味。

## 3 在組織內達到真正的坦誠與溝通

如果是平常就能坦誠交換、溝通各種意見，尤其是失敗訊息或批判性意見的組織文化，無論是決策或事後評估（PDCA），不必等到 Devil's advocate，也能期望從各種角度得到更客觀的評價。

就像第四章提到亞馬遜的例子，能不能夠坦誠地交換意見，而不是等到事情發生了才驚慌失措，是管理高層平常就該注意的重要事項。就算在評估策略的時間點辯稱說是企業文化或溝通問題，其實很多時候也為時已晚了。

被《財富》選為「二十世紀最佳經理人」的奇異前CEO威爾許寫過一本書叫《致勝：威爾許給經理人的二十個建言》（*Winning*），其中我認為很了不起的一點是，許多管理書都花上數十頁篇幅，談論使命、願景或策略等不怎麼有趣的話題，他卻在第二章就提到「坦誠」（candor）。

這顯示威爾許認為「坦誠」有多重要。他在擔任CEO的二十年間做了很多事，但這絕對是把企業價值擴大四十倍的重要理由之一。

威爾許說：「我在演講等場合說到『認為自己有得到公司誠實回饋的人請舉手』時，往往都只有一〇%人會舉手。」

企業在編列預算時，總公司往往假設事業部會提出較低要求而給出「較高」的數字，事業部則假設總公司會提出較高要求而給出「較低」的數字。只要加起來除以二，用中間數決定預算，雙方都能得到滿足……

威爾許指出，採用這種「談判調解的方式」或大家和睦相處的「假笑方式」，實際上卻沒有共享任何事情的狀況，是「非常沒有生產力的組織行為」。

明知「坦誠交換意見」很重要卻難以做到，是因為「擔心說出實話會讓對方心情不好」，或是「怕被認為不是團體的一員」，換句話說，坦誠違反人類的本性。

換言之，就算開口要大家「坦誠一點」或「一起來打造一個可以自由抒發己見的組織」，也不可能輕易做到。我經常看到一些企業幹部，以為只要稍微更動一下組織，舉辦像是「溝通推進運動」等活動，組織的溝通就會立刻變得通暢。

另一個問題恐怕是對於「溝通」的錯誤偏見。正如第九章的「溝通金字塔」所示，所謂的溝通並不是發布資訊，而是與接收者共享發布的「資訊」，與為何發布那項資訊的「意圖」。

換言之，溝通是否成立，取決於接收者（以公司來說，多數時候為部下）如何接收資訊。儘管如此，是否還是有人會認為，因為自己已經說過了，因為自己已經寄出電子郵件了，所以「對方應該知道才對」呢？

有一項相關的調查很有意思，根據二〇〇八年日經商業 Online 刊登的一項問卷調查顯示，在七百四十八名受訪者中，約有七成回答「職場上有討厭的上司」（若包含過去「曾經有過討厭上司」的受訪者，則接近九成），理由包括「沒有指導能力」，其次是「不聽人說話」和「無法交換意見」。

反之，在訪問二百六十一名主管是否「職場上有討厭的部下」時，同樣約有七成回答「有」，理由就是千篇一律的「愛找藉口」、「只做主管交代的事」、「不聽人說話」。

總之就是雙方互相指責對方：「那個上司聽不懂我說的話。」、「那個部下不理解我在說什麼。」在美國也有一份報告顯示，有八六％的上司認為「自己很擅長溝通」，但對此表示認同的部下卻只有一七％。

要讓「坦誠」與「真正的溝通」在組織中生根並不容易。有一個很有名的概念，叫做「活力曲線」（vitality curve）。其討論熱度幾乎相當於談到威爾許，就會講到的「做不到業界第一或第二，就裁撤」。這是一套「坦誠的人才評鑑與篩選」制度，簡單來說就是A級為前二〇%，B級為中間七〇%，C級為後一〇%，如果連續兩次評鑑為C就會遭到解雇。

其中最重要的還是「坦誠」，假如到昨天為止都還對員工說：「你很努力。」到了評鑑這天卻給人家一個C，對方肯定不能接受，若平常就能坦誠地給予意見回饋，就不致於讓人感覺措手不及。

事實上，自從大家知道這套「活力曲線」，是奇異優秀人才輩出的祕密之後，包括福特汽車在內，不少企業都開始單就「兩次評鑑為C就解雇」的部分進行模仿。

不過以福特來說，最後這套制度遭到控訴，被控這只是一套用來解雇高齡者或女性的歧視制度，目前已經遭到廢除。不禁令人聯想到某個國家的「能力主義熱潮」。說來說去，人事制度的根基還是在於透明性與坦誠性。

連威爾許都說：「我想強調篩選這件事，無法在短期之內，也不能在短期之內實踐。光是建立能夠進行篩選的坦誠與信賴前提，我在奇異就花了十年光陰。」而且即使經過二十年，他依然表示：「距離每個人都能坦誠的目標，還有好長一段路。」我想唯一的辦法就是一步一腳印了。

正如第一章3C的部分也提到的，管理的第一步就是「正確認識現狀」。威爾許說：「我不在乎競爭對手如何，自己公司內部無法溝通才是更可怕的敵人。」

CHAPTER

# 12

# 如何應付機會成本 3
## ——執行

1

# 決定好卻不執行的三個理由

決策只不過是「出發點」而已，光只是做出決策，並不會發生任何事情。好不容易（耗費大量時間與資源）決定好卻不執行的話，機會成本會非常龐大。

不過實際上，這種「應該已經決定好了」或「只有做出決定」的情形，是不是意外地多呢？明明決定好「要做」的專案，結果擱置了好幾個月，或是制定出新規定卻沒人遵守，有時甚至沒人知道。類似的狀況是不是似曾相識？

就像決定要共享顧客資訊，連系統都建好了，資料卻全保留在特定人士手中，或是明明為了考核工作流程而改變人事制度，結果卻變成業績愈好的人，工作流程的評價愈好。

這並不是「個人」的問題，而在於組織不僅沒有執行決定好的事項，甚至「容許」個人不去執行。本章將探討組織不執行這些決策的三大原因。

## 決策的目的化

經營管理的決策是非常重要且困難的工作，所以在決策的經營會議或董事會議上，往往需要進行各種分析並準備大量的資料，然後愈是重要的會議，似乎也愈容易在不知不覺間，把「決策」視為一切的目標。先被社長詢問一堆問題，再被其他責任董事刁難一遍，最後總算得到OK的指示。太好了，終於結束了……類似這樣的情形是否似曾相識？

是不是在實際會議中，連社長這種肩負決策與執行等管理工作的最高負責人，也會喘一口氣說：「好，終於定案了，接下來就剩執行了。」接著變成旁觀者的立場呢？

這樣的情況是不是都象徵性地出現在中期經營計畫（姑且不論名稱如何，總之就是那一類的計畫）中呢？經營企劃負責單位花了好幾個月，從各單位收集資料，整理規畫，多次上呈經營會議，最後終於獲得批准。

雖然社長說：「做得不錯。」但那只是「做得有模有樣」、「值得期待」、「好像能獲得分析師青睞」的意思，不見得表示「明確地反映出本公司的策略」、「清楚展現出接下來的課題」、「可以用這個與員工進行豐富的對話」。

然後責任部署的單位則覺得「終於結束了。暫時休息一下，可以著手規畫下一份計畫囉」，像這種把「建立中期計畫」變成最終目的的情況所在多有。

再次強調，決策只是出發點，我從沒聽過有哪個出發一、兩公里後停下來喘口氣的跑者，可以在馬拉松比賽中勝出的。好的開始雖然是值得高興的事，但如果忘記「那只是開始的結束而已」，「應該已經決定好了」的重要事項就會從經營團隊的腦中消失，從結果來說，就算目睹一切的部下自行解讀為「原來那不是什麼重要的事」，並延後處理或擱置不理，恐怕也不是什麼不可思議的事。

## 管理層與第一線之間的認知差距

「應該已經決定好了」的策略或重要案件沒有執行的另一個主要理由，就是管理層與第一線之間的認知差距。說得更深入一點，就是管理高層與第一線雖然使用同樣的語言，想法卻截然不同的情況。

其中應該有兩個原因，一是管理高層是身在天守閣內思考公司或競爭對手的管理者，與身處第一線向顧客低頭、和競爭對手赤身肉搏的員工，兩者看到的東西、感覺到的東西，還有感覺的程度都天差地遠。

在上頭交代「今年要努力做好〇〇！」，下面的人說「是！」的時候，究竟「努力做好」是什麼意思？其他商品該怎麼辦？如果競爭對手反擊，又該如何是好？其實有太多重要的問題都「交給第一線」或「任憑個人發揮創意」。

另一個原因是，管理階層與第一線並未充分「溝通」，即使看到（理應）相同的決策，也會做出不同的解讀，最後追究起解讀的差異與責任的歸屬，無暇顧及關鍵的執行工作。

實際上，看法隨著立場而異是理所當然的事，正因如此才需要溝通，但假如管理階層與第一線雙方都認為「明明已經溝通過了，卻完全聽不懂」的話，問題自然不可能改善。

不僅是管理階層與第一線之間如此，連跨部門的溝通也不例外。好像有不少情況都是出於對「效率」的重視，認為「每次談話對方都會抵抗」或「反正那些人也不會理解」而忽略溝通，結果造成無法挽回的誤解或執行的成效不彰。

《遠見者：麥肯錫之父馬文．鮑爾的領導風範》（*McKinsey's Marvin Bower*）是一本描寫著名管理顧問公司麥肯錫之父的書籍。說到管理顧問，大多人會聯想到分析或思考力，但令我驚訝的是，在當年那個規模遠小於大企業、階層也相對較少的麥肯錫，鮑爾（Marvin Bower）是多麼地重視溝通，而且不厭其煩地傳達公司理念或規範。他的溝通案例也包含，在事務所欠缺人才時，立即解雇一名不遵守規範的優秀經理人。他說：

如果不願意為了遵守規範而犧牲，就絕對不會遵守規範。

## 我很忙！

無論是在公司內部或外部，詢問或委託的電子郵件很常看到這樣的開頭：「百忙之中打擾了。」最近包括人手不足等原因在內，企業開始削減成本，「免費加班」反而遭到嚴格禁止，再加上個人資訊保護法的立法，人力愈來愈缺乏，因此要在有限的時間裡完成更多業務的壓力也愈來愈高。

在這種狀況下，即使高層下令：「公司有了新的決策，開始執行吧。」、「接下來要往這個方向去進行。」下面的反應也會是「請稍等一下」，畢竟眼前還有這麼多工作，實在是應付不來。

這時如果高層的反應是「兩手一攤」，第一線的人也不太會放在心上，只覺得

「原來沒什麼大不了的」，而上司又因為其他事情忙得分身乏術，最後好不容易決定好的案件，恐怕就會落入去者日以疏的結果……

雖然「忙碌」可以當作免死金牌，但另一方面卻也有一種說法是「忙碌是怠惰的藉口」。就像第六章提到柴田昌治討論「員工不思考的理由」一樣，按部就班完成排列在眼前的工作，一來能夠得到一定的成就感，二來也能抬頭挺胸地讓周圍的人知道「我很忙」。

不過那或許只是「受到顯眼的事物吸引而已」。第九章介紹到以「急迫性」與「重要性」為軸的矩陣（參考圖表9.1），很多時候忙碌的事情幾乎都是高急迫性、低重要性。

換句話說，如果只（怠惰地）處理可以處理的事情，而不去思考「重要性」，工作只會愈積愈多，無法找到問題的根源。這個道理就跟明明得了結核病，卻還想靠止咳藥應付過去，導致病情更加惡化。在此重溫一下我經常引用的《伊索寓言》樵夫故事。

路人：「你可真勤奮啊！」

樵夫：「還好啦。」
路人：「你看起來很累耶，砍了多久啦？」
樵夫：「大概五小時吧，累到我都快受不了了。」
路人：「何不休息一下，磨一磨你的斧頭呢？那樣應該會比較快砍完吧。」
樵夫：「我才沒那個閒功夫，我忙得要命。」

第二章也提過與此相關的問題，就是「即使防患於未然，也不太受到信賴」。簡而言之，在組織中往往是「顯眼的事情（＝解決問題）」會受到關注，而為了一些不構成問題的事情去思考或採取行動，則很難成為評價的對象。

結果優先進行的，並不是加強根本性的機制或組織力，而是盡快解決眼前的問題，亦即用「更拼命地長時間投入」（同樣的事情）的方式去解決。若以棒球來說，就是失誤之後才加緊練習，而不是加強技巧來避免失誤。

正如各位所知，這是一種惡性循環。只要第一線說「我很忙」就雙手一攤表示「無可奈何」的話，不僅只會愈來愈忙碌而已，新的嘗試也會被擱置高台，終遭遺忘。

如此一來，公司內部只會出現愈來愈多的忙碌樵夫，連準備好用來磨斧頭的新提案也會被棄置一旁，最後逐漸遭人淡忘。

2

## 一號瓶是什麼？從重要性高的課題處理

如果有人讀過名稱中包含MBA的書籍，相信在聽到MECE時都會感到分外熟悉。正確來說，是「Mutually Exclusive, Collectively Exhaustive」，意思是「互不重複，全無遺漏」，是分析工作基本中的基本。

所謂的分析就是進行解剖，所以盡量做到MECE、連複雜課題也拆解到可以應付的單位很重要。萬一有遺漏，可能會產生機會成本或無法採取重要的對策，重複則會造成效率降低。因此，市面上有各種分析手法，例如金字塔圖、魚骨圖等等。

MECE很重要是無庸置疑的事，但有時也有一些分析不免令人懷疑，究竟為什麼要使用MECE。分析純粹是手段而已，並不是目的。

然後另一件重要的事情是，「MECE＝排定優先順序」是無法分割的。事實

上，連齋藤嘉則都曾在《問題解決專家》（問題解決プロフェッショナル—思考と技術）一書中指出，「你用MECE分析，最後有排定優先順序嗎？」問題在於如何排定優先順序，光交代一句「不要忘記」也於事無補。

正如前文已經討論過的，優先順序取決於目的，在解決問題時，例如思考業績惡化、員工離叛等問題時，首先要用MECE拆解要因，但光這樣只有做到三十分而已，組織的問題即使用MECE拆解開來，也幾乎沒有任何一個問題是獨立的。

舉例而言，照理來說「利潤＝營收扣除成本」，但營收與成本當然不可能彼此獨立。如果不明白這一點，還試圖個別解決MECE拆解出來的每一道小課題或要因，一來資源本來就不足以支應，二來即使解決一道課題，還是會對其他要因產生副作用（例如：降低成本以後，營收也連帶減少）。

因此，要思考優先順序，必須思考要因之間的關係，也就是整體的結構。可能是惡性循環，也可能是良性循環，總之可以推想出各種結構（例如在彼得・聖吉〔Peter M. Senge〕教授的著作中提到的系統思考，即為類似的概念）。在那之中，哪個才在最根本的位置？藉由思考這個問題即可抽絲剝繭，理解問題的本質。

原來如此，因為最重要的原因優先順序最高，所以只要把資源集中在那裡就可以了嗎？……答案是否定的。我想也有書籍那樣寫沒錯，但到這個階段大概只有五十分，還不到及格分數。

為什麼呢？因為實際在組織中思考重要問題時，往往會碰到非常根深柢固的難題，比方說企業文化等問題。確實，只要企業文化改變了，很多問題似乎就能迎刃而解，但經年累月累積下來的東西，真的有那麼容易改變嗎？

許多企業在嘗試企業變革時，往往打算從正面解決這些「重要問題」，最後卻都彈盡糧絕，以失敗告終。

包括日本職棒名人野村克也在內，很多名人都把以下這句耳熟能詳的話當成座右銘：「心態改變行動，行動改變習慣，習慣改變性格，性格改變命運」。或許是受到這句話影響，也有人會說：「企業變革應該先從員工的想法改變起。」

我並沒有否定這句話的意思，但感覺這在現實中幾乎可謂天方夜譚，因為員工想法改變的話，組織改革也幾乎形同結束了，真正的重點在於如何才能實現組織變革。高喊「先改變想法」這種話，只會讓人覺得是空口說白話，實際上根本不理解要改變人的心態或想法，是一件多麼困難的事。

事實上，先從行動開始改變起，才更有效果也更符合現實。心理學名家利昂．

費斯汀格（Leon Festinger）的認知失調理論（cognitive dissonance theory），以學術方式證明了這件事。當人在經歷兩種相反的心理狀態時，內心會試圖消除這種失調的感覺。換句話說，如果言論行動與想法不一致時，心理狀態（態度）有可能反過來因為行動而改變。

舉一個具體的例子好了，在費斯汀格等人的古典實驗（一九五七年）中，他們請來一群史丹佛大學的學生，做一件非常無聊的工作。

第一組學生在工作結束後獲得一美元，並向其他等待的學生說：「工作很有趣。」另一組學生在工作結束後獲得二十美元，並同樣對正在等待的學生說：「工作很有趣。」

後來他們請兩組學生回答「工作真的有趣嗎？」的問卷時，獲得一美元的那組學生回答「有趣」的比例，明顯高於獲得二十美元的那組學生。

換言之，「工作很無聊」的心理與「只拿到一美元就說工作很有趣（的謊言）」心理衝突，讓他們開始說服自己：「不，其實工作很有趣。」進而反映在態度的變化上。另一方面，獲得二十美元的學生應該是認為：「既然都拿到二十元了，說點小謊也是應該的。」

與其嘴上說著幹勁或動機，不如直接（讓人）採取行動比較快，然後在行動的過程中，改變「事前的偏見」。心理學的實驗結果顯示，「銜著竹筷，刻意讓嘴角上揚笑著看漫畫的人，比其他人更容易覺得有趣」。

人稱鬼平的火付盜賊改方隊長長谷川平藏也是，每當他陷入困境都會先從「詭祕一笑」恢復原本的從容，經歷過多次生死交關的時刻，想必他已透過親身體驗認識了這個理論吧。

如果有時間強調先從想法開始，不如趕緊採取行動。其實很多時候，「從形式切入」是比較有效的作法，尤其「行動」無法找藉口。在日本嬌聯（Unicharm）董事兼執行副總二神軍平所寫的書中，也透過以下這段文字強調「行動管理」的重要性，而非「數字管理」。

無法成為棒球打者的藉口比比皆是，其中三成是「當投手比較好」、「敵對隊伍的守備堅強，打出去的球都被接住」等等。不過如果沒有做到每天揮棒一百次的練習，那就只是個人的怠惰而已，不能找藉口。

從這層意義上來說，要取得及格分數，必須要有三要素，明確的①MECE，②結構化，再根據這些基礎建立現實上有效的政策，也就是③「該從何處著手」。

當然，「該從何處著手」並不是「只要做容易處理的事情即可」，而是對於排定優先順序的核心工作，明確規畫好先從這邊開始，再來又如何如何等等。

這一點不僅適用於資源有限的中小企業，對於要對抗強大競爭對手（例如：亞馬遜）的大型企業來說，同樣也是不可或缺的。如果再從稍微不同的角度來看，馬自達（Mazda）常務執行董事人見光夫，則將這樣的概念濃縮成「一號瓶」一詞。

面對經營危機，光靠三十人能夠做什麼呢？此時我想到的是「選擇與集中」。不過我們的選擇與集中，並不是一般人所想的那種，從許多課題中捨棄掉一部分，再選擇集中於其中之一，而是從工作上的諸多課題中，找出主要共通課題的部分，再集中在那上面。假如逐一應付每一道課題，無論人力或財力都完全不夠。

因此，我們才會尋找「只要解決這個，就能連帶解決其他課題」的主要課題。用保齡球來比喻，就是只要擊倒這個，便能連帶擊倒剩餘球瓶的一號瓶，並集中心力在擊倒這支球瓶上。

執行的三要素
①MECE
②結構化
③該從何處著手？

3

# 重視執行過程的信號效應

要思考關於執行的機會成本，有一個關鍵字：信號。包含向顧客、員工在內的利害關係人發出的信號。此處想探討的，不僅包含主要向顧客發出的「直接信號」；還包括「間接信號」，其他利害關係人如何理解那些向目標對象發出的信號，這兩種信號效應與機會成本。

## 直接信號

一般最常提到的直接信號問題，就是無法從「明明擁有優良的技術卻沒有成功」，或「明明開發出好商品卻賣不出去」等文脈中，確實把優點傳達給顧客。

有不少人雖然擅長將眼前的商品做好，但關於那項商品對顧客能夠提供什麼有形或無形價值這個部分，卻做得非常差勁。他們不曉得自己正在發出什麼樣的信號，也不曉得其他人如何解讀這些信號。

這一點常常反映在「定價」上，如果不曉得自己提供了多少價值，肯定會表現得比較軟弱，就算努力把價格訂得高一點，如果賣不出去，也只會讓人覺得「太貴了」，無法展開更準確且能讓顧客理解價值的行銷，無奈之下只好盡速降價。

不久之前，我調查了日本汽車製造商的利益率差異。[1] 圖表12.1是美日四家大型汽車公司（通用汽車、福特、豐田、本田）從一九七五年到二〇〇五年的營業利益率走勢圖。

誠如各位所知，通用汽車與福特在一九七〇年代後期的第二次石油危機時，因為沒有燃油效率較佳的小型車，因此業績急遽惡化，不過後來又重振旗鼓，從一九八〇年代中期至二〇〇〇年約十五年間，儘管報導指出日本車的市占率逐年攀升，但比起豐田與本田，通用汽車與福特卻依舊維持著比前兩者高出不少的營業利益率，這件事難道不令人驚訝嗎？（雖然後來業績再度惡化……）

**圖表 12.1** 美日大型汽車製造商的營業利益率走勢圖

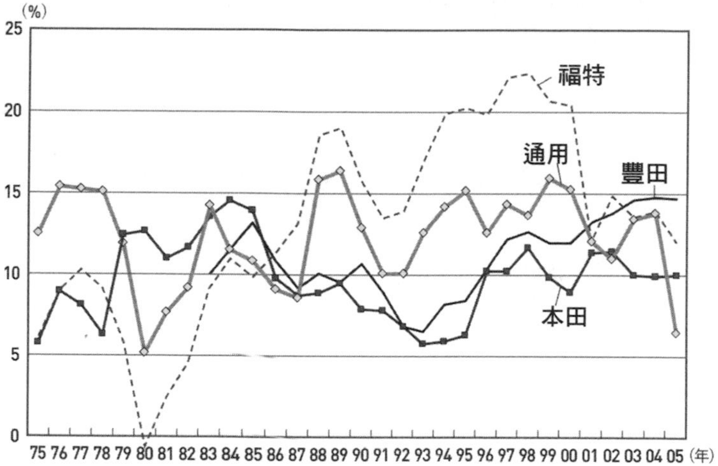


出處：清水（2007b）p.43。

過去長達十五年的利益率差異，似乎不能夠單純用「通用汽車與福特為了短期利益而忽略長期投資」來解釋。如果利益率的差異，來自研發投資的差異或支付給員工或董事高額薪資，還能夠理解，但報酬較高的反而是美國的企業，在研發的部分，頂多也只有規模較小的本田稍微看得出他們的努力，事實上差距並沒有那麼明顯。雖然我沒能取得太多豐田的資料，但從我所能收集到

1 清水（二〇〇七b）。

**圖表 12.2　美日大型汽車製造商的研發強度變化圖**

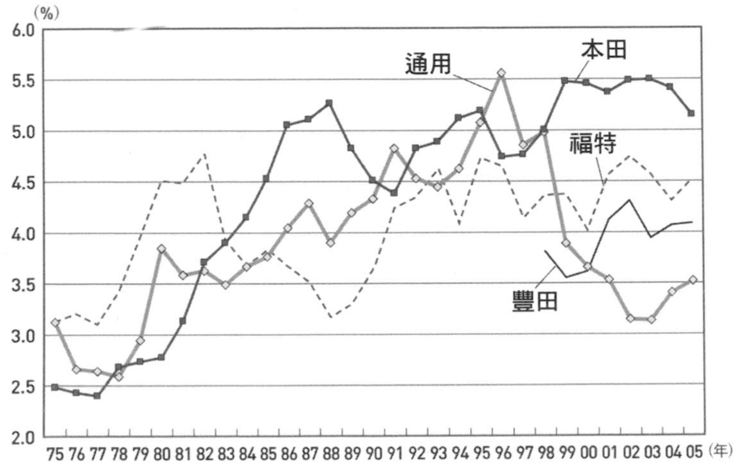


出處：清水（2007b）p.46。

的資料（至二〇〇五年為止）來看，豐田研發強度[2]還比福特低（見圖表12.2）。

主要以汽車產業等製造業研究為人所知的東京大學藤本隆宏教授，針對一九八〇至九〇年代日本汽車製造商提出的判斷是，他們一方面維持著製造成本與品質等強大「深層競爭力」，另一方面品牌力卻不比海外，尤其是歐洲的製造商，同時營銷生產力也很低，因此獲利能力才會這麼低。

如果不怕誤解，單純化來說，我想就是不擅於與顧客溝通，無法充分傳達出難得的優點，導致無法獲取合理的對價。此外，考量到「名牌品」比歐美少的日本企業現狀，我認為這並不是只有汽車製造商正面臨的問題。

換句話說，準確的信號與定價掌握著將機會成本最小化的關鍵。第一章討論到為了受到顧客青睞，「差異化」是很重要的工作，只是這裡的「差異化」是必要條件，真正要受到顧客青睞，必須要讓顧客能夠理解「差異化」才行。正如第六章也提到的，為此要做的不是「告知」，而是發出「能夠傳達出去」的信號。

## 間接信號

另一個我認為同樣重要，卻因為「看不見」而未充分受到注意的問題——間接信號，除了直接對象以外的利害關係人如何看待或解釋信號。

如果沒有好好思考這個問題，那麼本來出於好意的舉動將會傳達出錯誤的信號，可能因此失去機會或招致誤解，結果更進一步使用到原本不必使用的資源，製造出更多機會成本。

2 研發強度（R&D intensity），研發經費占總營收的比率。

比方說「人都會犯錯」就是很常聽到的一句話，不管是考試、工作或開車，再怎麼謹慎的人也會有犯錯或失誤的時候吧？所以應該也有很多人會認為，嚴加懲罰不是一個好辦法，應該再給人家一次機會。

不過，身為經營者或上司必須思考的是，寬待「失誤」或「違規」的舉動，不僅是影響到當事人而已，對於其他員工或顧客來說，寬待的行為又會傳達出什麼樣的「信號」？

舉例而言，每家公司應該都有缺乏時間觀念的員工，如果要求其他員工「嚴格遵守時間」，卻因為「他業績很好」就網開一面，等於是向眾人宣告：「只要業績好，不守時間也沒關係。」而那個信號即使被其他員工擴大解釋為「只要業績好，做什麼都沒關係。」恐怕也無可厚非。

類似的情況比比皆是，上司就算因為知道某個部下的家庭問題，特別從寬處理，旁人或許也只會單純認為「那是因為他很得上司喜愛」。在那種情況下，經營者所說的「出於好意」，其實無異於「我沒認真思考過任何事情」。

另一種經常耳聞的情形是，社長不經意說出一句話，卻令周遭的人反應過度的「察言觀色問題」。

在我實際知道的案例中，有人在董事會的議案上討論到一種與「成果主義」有關的著名海氏系統（hay system），這時社長只不過說了一句「喔，我知道」，周圍的人立刻認為「社長想要導入海氏系統」，本來應該是要「討論海氏系統」的會議，卻變成「討論如何導入海氏系統」，最後雖然成功導入，但董事與人資都沒有認真導入的想法，結果便以失敗告終，一切回復原狀。

更有趣的是，「因為社長說想導入才這麼做的」這種話，董事絕對說不出口。社長雖然一開始不覺得有那麼好，但眾人你一言、我一語地說：「真是個好主意。」、「我認為我們也必須要做到這種程度才行。」才會讓社長心想，既然董事都強烈推薦了，那就來試試看吧……就這樣認真上演了一場滑稽的鬧劇。

對於「別人如何看待自己」或「周圍對這種言行舉止會有什麼反應」等問題欠缺想像力的上司，罪孽深重的程度並不亞於在亞馬遜領導力準則部分提到的過度「察言觀色」的部下，而這樣的案例與機會成本實際上應該多不勝數，只是沒有浮上檯面而已。

同樣地，明明對部下說：「隨時都可以來找我商量。」部下實際去商量後，卻又大力喝斥：「我都這麼忙了，這點小事不會自己處理嗎？」事後還抱怨：「最近的年輕人都不會來找我談話，真是胸無大志，我是不是用錯人了？」這就是在大量發出「我說話總是顛三倒四」的信號。如果沒注意到偏見是人類的本性，那麼只要沒有人坦誠地反映，這個問題就會一直拖延下去。假如這種人還能出人頭地，實在令人看不下去。

有人說：「上司要花三年時間了解部下，但部下只要三天就能看透上司。」就跟大野狼與小白兔的關係一樣，不管在哪個世界裡，弱者總是小心翼翼保護自己的一方。

從這層意義上來說，重要的是經營者或上司要對於「有部屬在注意我」這件事保持敏銳，並明確地設定出「目的」與「公司或個人價值觀的標準」，清楚「這一點絕不能退讓」或「不管發生什麼都要堅持這件事」等原則，並且對於違反標準的失敗或失誤，不管再小的事情也絕對不能妥協。

正如第九章用泰諾止痛藥和ＳＦ等例子討論的，神存在於細節裡，有很多事情不能因為小就忽略，有時正因為小，才能更切身地察覺出來。

「破窗效應理論」（broken windows theory）是犯罪學家詹姆士·威爾遜（James Wilson）與喬治·凱林（George L. Kelling）於一九八二年發表的理論。大意是，假如一幢無人居住的建築有一扇窗戶破掉了，始終沒有人去修理，久而久之那幢建築的所有窗戶都會被打破。其中的含義是「細微的事情」（在此例中是，一扇窗戶破掉了，始終沒有人去修理。）會向住在那裡的居民、行人或幫派分子發出「信號」。

換句話說，「一扇窗戶破掉了，始終沒有人去修理」，代表建築的主人乃至於附近居民都認為「窗戶破了也無所謂」、「別人的事情與我無關」，很多時候那不僅會帶來其他窗戶全被打破的結果，還會導致居住環境加速惡化，例如使該地區的整體犯罪率上升等等。

因此，破窗效應理論會導向「零容忍」（zero tolerance），無論再小的犯罪或犯規都應該嚴加處置。這個「零容忍」被應用在很多地方，例如我曾長居十四年的德州（我想其他州大概也一樣），任何在國中、高中發生的暴力衝突，一旦被老師發現就會立即退學（由於美國的義務教育是到高中，因此學生會轉學到其他高中）。

即使有人反映太過嚴厲，但藉由**刻意**嚴格處置**微小**的犯規行為，不僅是在向當事者，也是在向其他人發出強烈的訊息，清楚向大家宣示這條規定的重要性。一旦在「不能退讓的線」上退讓了，後果如何……恐怕可想而知。

人非聖賢，孰能無過。正因如此，才不能掉以輕心。如果無法徹底遵守，這條底線就會成為令組織同一性無法成立的線。

或許有人會斥罵：「經營者又不是演員。」但我認為一舉手一投足都被部下看在眼裡的意識或緊張感，是絕對不能忘記的東西。然後不僅要思考對眼前的部下該如何應對，也要思考其他員工或利害關係人看到以後會如何解讀，否則很有可能會發出「錯誤的信號」。

產品與企業有發出能讓顧客「理解」差異化的信號嗎？經營者的一舉一動與不經意的話語，都會被包含員工在內的利害關係人接收為「信號」。

結語

# 一流的決策，關鍵在於看不見的地方

本書從「機會成本」的觀點，彙總了我三十餘年來思考、研究或奮力掙扎後的菁華。眼前的成功、失敗、營收或成本儘管顯而易見，但稍微回過頭退一步來看，才發現真相截然不同，這樣的時刻並不算少。在許多情況下，眼前看不見的事物可能還比看得見的事物重要。

其中一個理由是，愈是短期而表層性的事物往往愈容易看見；反之，愈是中長期的、根本性的事物愈不容易看見。另一個是「看得見的事物」因為誰都看得見，所以在「看得見」的範圍內很難製造差距。

我想這一點正如下頁圖所示，與拙作《領導者的基準》副標「看不見的管理『常識』」論調相同，而所謂「機會成本」正是不可或缺的觀點，去思考這些「看不見」、眼下錯失的機會，或是不會注意到的重要成本。

**圖表** 差距來自於看不見的地方

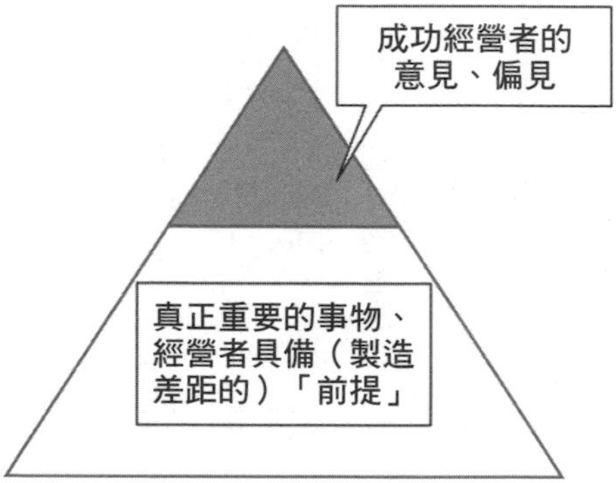


出處：根據清水（2017）p.30補充修正。

我想，藉由充分認識目的、坦誠討論，與執行的重要性，保持更開闊的視野，並在投資組合中排定優先順序，即可採取策略性的行動，最終達到機會成本最小化。因此，我再一次意識到，對於現實的**敏感度**與自己的決定（或不決定）帶有什麼樣的意義，又發出什麼樣的信號等**想像力**的重要性。

如前文討論過的，**敏感度**與「慣性」是相反的概念，同時也是**觀察力**的近義詞。而**想像力**必須建立在充分認識自己或公司的觀察之上，否則一切只不過是「空想」而已。

近年來，關於企業醜聞的報導愈來愈多，「必須更嚴格管理」的論調加上公司治理的興起，格外引人注目，但真的是這樣嗎？就算針對一件醜聞制定規則，還是會出現其他問題吧（實際上已經出現了）。

若以嚴加管理的名目增加規定，員工不僅會意興闌珊，也漸漸懶得思考，恐怕導致「敏感度」衰退，組織慣性則進一步加速。此時，如果還高聲疾呼「動腦思考」、「缺乏獨創性」、「缺乏自主性」，應該不可能打動任何人。

反之，若從個人的角度來看，不僅是「明明為了公司著想，卻要替醜聞背黑鍋」這種事情，我想在日常生活中，應該有很多人經歷過像是「為了部下好才對他嚴格，結果卻被說成職場霸凌」，或「為了孩子著想才這麼努力，孩子卻開始反抗」的經驗。

自己從沒懷疑過這是最好的方式，結果對方一個意料之外的反應，這才恍然大悟，此時我們可能會想，「為什麼之前沒注意到這麼重要的事情？」或「我怎麼會這麼愚蠢」，但一切都為時已晚。這就好比喝醉時明明天不怕地不怕，兵來將擋水來土淹，結果隔天早上一醒來，開始後悔自己幹嘛喝那麼多、做了一件蠢事、以後不要再喝酒了（或者是什麼都不記得）。

幫人走後門入學的政府高官，或許也覺得自己是出於「一片好意」。本書經常使用到「看不見」一詞，而**機會成本的本質，或許就在「那些明明在那裡，大家卻視而不見、視若無睹」的地方**。

透過二〇一八年六月底舉辦於美國明尼亞波利斯的學會（AIB：國際企業學會），我產生了這番體悟。特別讓我意識到自己「恍然大悟」的契機，就是二〇一六年被納入海爾集團（Haier）旗下的奇異家電總裁兼CEO凱文·諾蘭（Kevin Nolan）的故事。

以生活家電為主要產品的奇異家電，當初因為並非「核心事業」的緣故，已經從奇異當中被分割出來，但聽完他們在海爾旗下持續達到二位數成長的相關說明以後，我深切感受到以下三點：

**一、企業併購最重要的是雙方仔細觀察並相互理解；**

**二、創業者的視線與支薪社長的視線不同；**

**三、「經驗」究竟是什麼？**

第一點是「理所當然」的事。不過，當談到在新老闆底下的整合作業，他們強調包含成長目標在內的「共通點」重要性，令人印象深刻。對於擁有超過百年傳統的美國代表性企業奇異，與一九八四年創業的中國新興企業海爾這個組合，大家一味宣傳他們的「不同」已經讓我感覺了無新意。當然，他們之間肯定有很多不同。

不過「不同」這種先入為主的偏見，會讓人看不到機會與成本。真正重要的事要透過清明的眼與心仔細**觀察**，並釐清有哪些相同、哪些不同之處，不同的理由又是為何。以共通點為基礎，並了解差異的前提下發揮各自的長處，是企業併購成功的關鍵。

過去索尼的盛田昭夫提出「學歷無用論」，讓大家必須從更本質性的面向去評價一個人，結果反而造成第一線混亂失序，這件事充分展現出人類組織會在不知不覺間依賴定型觀念、貪圖安逸（結果產生機會成本）的特徵。

關於第二點，當然亞馬遜或臉書就不用說了，像是日本的日本電產（Nidec）、軟體銀行（SoftBank）、優衣庫（UNIQLO）等創業社長，他們的強韌或領導力也比東芝或夏普（SHARP）等大企業的領導者還受到關注。

一般經常用「決斷力」或「膽識」等讓人似懂非懂的詞彙，來形容那種強韌的本質，但這一次我總算得出一個可以說服自己的結論。

如同奇異家電的情形，日本的夏普被鴻海精密工業收購後，很快就轉虧為盈。當然，其中肯定有很大一部分是重組的影響，但我一直很不解的是，為什麼之前的經營團隊無法執行那樣的重建策略呢？

不僅是這種併購企業，大部分私人企業都有共通點，一是創業者乃至創業者的第二代、第三代，幾乎都沒有上司；二是從結果來看，自己往往就是負責人。實際上看那些第二代或第三代，相信很多人就算理性上知道「看上司的臉色」是怎麼一回事，但他們也無法親身體會吧。最重要的是，他們可以說出像是「明明要提供顧客價值，為什麼還要那麼糾結於公司內部的事？」這樣的「正論」。

奇異家電的CEO諾蘭說：「實際上我們做的事情幾乎沒變。」只是有很大一部分變成「可視化」（變形蟲式管理法），做自己想做的事情，並且讓事業單位縮小到可以看見結果的程度。那些事情的重要性明明從以前就一直有所討論，卻很難在奇異內部獲得認可，對於創新的政策，過去也很難得到理解，但海爾的張瑞敏CEO卻只花三十分鐘就理解了。結果，被收購的企業之所以能夠復活，不是因為他們做了什麼了不起的事，而是根據正論「理所當然地做出理所當然的事情而已」。

曾任日本奇異人資主管的八木洋介，著作中有這麼一句話說：「奇異是封印真心話的公司。」就貫徹正論的意思來說，我想也是一樣的，若從「本來應有的姿態」來看，連奇異也曾在不知不覺間偏離正軌。

最近每當聽到奇異的新聞，例如從一八九六年維持至今的道瓊工業平均指數除名等消息，總是讓我再次意識到，再怎麼優秀還是有可能「喝醉」，而且一旦喝醉就很難主動發現並加以修正。

我並不是想說在組織之中不能察言觀色。在組織中的確要激勵員工，畢竟連家人或夫妻之間，體貼對方的心情都是不可或缺的。不過我想以組織來說，「察言觀色」或「顧慮」原本應該是用來指揮員工邁向成功的，但是否在不知不覺間變成目的了呢？又是不是以為那是理所當然的呢？有沒有動輒就把焦點放在「指揮」（HOW）上，然後在「現實地」逐步修正目標的過程中，愈來愈不知道自己究竟想去哪裡，愈不懂得自己真正的心情（WHAT）呢？

這樣一想，總覺得為了重振一家潦倒的公司而從外部介入，有點像是一個清醒的人要去說服一群醉漢。當人家說：「能夠改變公司的，只有年輕的人、愚蠢的人與外面的人。」可能很多人會點頭表示認同，但應該很少有人能夠**想像**自己去挑戰一群醉漢。

實際上，據說日本交通第三代社長（現任會長）川鍋一朗被人謔稱為「崇洋媚美的經濟學家」；星野集團的星野佳路社長一推動改革就被說是「第三代的暴走」，有三分之一的員工辭職，這些事例也顯示出創業家一旦喝醉就難以應付的風險。

如果創業者或第二代、第三代，即使年輕卻依然優秀，那麼第三點的「經驗」又是什麼呢？很多時候「經驗豐富」都被當作正面意思使用，不過假如這代表擅於複製過去成功模式，那麼其實與缺乏敏感度與想像力，或許是一體兩面的事。

反之，沒有經驗的話，只能靠原則論一決勝負，即使對於組織各處的微妙理解不足，但接近正確答案的可能性或許更高。若因為「經驗不足」就凡事聽令於資深者，無異於故意鈍化自己的**敏感度**。

在歐美企業中，不僅新創公司如此，甚至在所謂的大企業看到四十幾歲乃至是三十幾歲年輕CEO的情況並不少見，其實這也是我一直以來覺得很不可思議的事。我在擔任顧問的時代，也曾與三十幾歲的日本市場負責人共事過，印象中他非常地能幹，但如果是在日本企業，肯定要到五十幾歲才有可能被賦予那樣的職位，但如今這個疑問也大致獲得解答了。

《日本經濟新聞》每週二早報都有一篇名為〈我的課長時代〉的連載，由知名經營者回首課長時代，描述自己「蛻變」的經驗，但即便沒有〈我的部長時代〉這種連載，這類主題也非常值得令人省思。

「藝術家與運動選手要有所成就，靠的不是才能，而是有沒有經歷過一萬個小時嚴格的練習」，若套用這個「一萬小時定律」，一週如果認真工作四十小時，一年約兩千小時，五年就是一萬小時。

不禁令人覺得最大的機會成本，恐怕是用「經驗不足」這種似懂非懂的理由當藉口，而不去活用人才的組織、不去挑戰自我的個人、不讓孩子嘗試（失敗）的父母。如此作為，能者就算有能，也沒有成長與感動。相信原則，然後相信自己，挑戰新事物，是我們必須思考更多的事。如果把時間都浪費在察言觀色上，而不讓難得的優秀人才發揮能力，相信是絕對無法在全球化競爭中勝出的。

釐清自己真正想做的事情與目的，充分發揮而不被經驗或常識吞噬。即使結果以失敗告終，也要立刻振作精神，展開下一步行動。然後時時記得**觀察**與**想像**。這些是我對自己的告誡，但願也能傳達給閱讀本書的各位。

清水勝彥

# 參考資料


▼ *The Art of Choosing* by Sheena Iyengar（2011）（《誰在操縱你的選擇》）

▼ 阿川佐和子（2012）『聞く力——心をひらく35のヒント』文春新書

▼ 伊賀泰代（2016）『生産性——マッキンゼーが組織と人材に求め続けるもの』ダイヤモンド社

▼ *McKinsey's Marvin Bower: Vision, Leadership, and the Creation of Management Consulting* by Elizabeth Haas Edersheim（2004）（《遠見者：麥肯錫之父馬文・鮑爾的領導風範》）

▼ *Winning* by Jack Welch（2005）（《致勝：威爾許給經理人的二十個建言》）

▼ NHKスペシャル『メルトダウン』取材班（2017）『福島第一原発1号機冷却「失敗の本質」』講談社現代新書

▼ *Thinking, Fast and Slow* by Daniel Kahneman（2013）（《快思慢想》）

▼ くらたまなぶ（2006）『リクルート「創刊男」の大ヒット発想術』日経ビジネス人文庫

▼ *Good to Great* by Jim Collins（2001）（《從A到$A^{+}$》）

▼ *Built to Last: Successful Habit of Visionary Companies* by Jim Collins（2011）

▼*Great By Choice* by Jim Collins（2011）（《十倍勝，絕不單靠運氣》）
▼三枝匡（2002）『戦略プロフェッショナル——シェア逆転の企業変革ドラマ』日経ビジネス人文庫　（《放膽做決策》）
▼——（2006）『V字回復の経営—2年で会社を変えられますか』日経ビジネス人文庫　（《V型復甦的經營》）
▼佐藤オオキ（2016）『佐藤オオキのスピード仕事術——400のプロジェクトを同時に進める』幻冬舎
▼柴田昌治（2009）『考え抜く社員を増やせ！——変化に追われるリーダーのための本』日本経済新聞出版社
▼清水勝彦（2007a）『戦略の原点』日経BP社
▼——（2007b）『なぜ新しい戦略はいつも行き詰まるのか？』東洋経済新報社
▼——（2008）『経営意思決定の原点』日経BP社
▼——（2009）『戦略転換の壁とジレンマ——意思決定の視点からの考「研究 技術 計画」』24(1)：71-83
▼——（2011a）『組織を脅かすあやしい「常識」』講談社＋α新書
▼——（2011b）『戦略と実行——組織的コミュニケーションとは何か』日経BP社
▼——（2012）『実行と責任——日本と日本企業が立ち直るために』日経BP社

▼———（2016）『経営学者の読み方——あなたの会社が理不尽な理由』日経BP社
▼———（2017）『リーダーの基準——見えない経営の「あたりまえ」』日経BP社
▼———（2018）『戦略転換の壁を越える法「DIAMONDハーバード・ビジネス・レビュー」』4月号：52-67
▼*Discours de la méthode* by René Descarte（《方法論》）
▼中沢康彦（2010）『星野リゾートの教科書——サービスと利益 両立の法則』日経BP社
▼中西輝政（2011）『本質を見抜く「考え方」』サンマーク文庫
▼南場智子（2013）『不格好経営—チームDeNAの挑戦』日本経済新聞出版社
▼*Parkinson's law, and other studies in administration* by Cyril Northcote Parkinson
▼畑村洋太郎（2005）『失敗学のすすめ』講談社文庫
▼———（2011）『未曾有と想定外——東日本大震災に学ぶ』講談社現代新書
▼*Eyes Wide Open* by Noreena Hertz（2015）（《老虎、蛇和牧羊人的背後》）
▼羽生善治（2013）『捨てる力』PHP文庫
▼人見光夫（2015）『答えは必ずある——逆境をはね返したマツダの発想力』ダイヤモンド社

▶ 平田オリザ（2012）『わかりあえないことから――コミュニケーション能力とは何か』講談社現代新書

▶ 藤本隆宏（2003）『能力構築競争――日本の自動車産業はなぜ強いのか』中公新書

▶ 二神軍平（2009）『ユニ・チャームSAPS経営の原点――創業者高原慶一朗の経営哲学』ダイヤモンド社

▶ プラネット・リンク編（2016）『もったいない新装版』マガジンハウス

▶ 本間浩輔（2017）『ヤフーの1 on 1――部下を成長させるコミュニケーションの技法』ダイヤモンド社（《解放員工90％潛力的1對1溝通術：來自日本雅虎成功經驗！》）

▶ 佐藤オオキ・松井優征（2016）『ひらめき教室――「弱者」のための仕事論』集英社新書

▶ *The Wide Lens: A New Strategy for Innovation by* Ron Adner（2012）（《創新拼圖下一步：把創意變現的成功心法》）

▶ Ron Adner and Daniel A. Levinthal (2004) “What is not a real option:Considering boundaries for the application of real options to business strategy.” *Academy of Management Review* 29(1): 74-85.

▶ Barnard, Chester I. (1971) *The Functions of the Executive*. Harvard University Press.

- Beard, Alison (2016) “Defend your research: Making a backup plan undermines performance.” *Harvard Business Review* 94(9): 26-27.
- The Boston Consulting Group (2013)“ Globalization Readiness Survey”.
- Christensen, Clayton M. (1997) *The Innovator's Dilemma: When New Technologies Cause Great Firms to Fail*. Harvard Business School Press（《創新的兩難》）
- ————, and Michael E. Raynor (2003) “Why hard-nosed executives should care about management theory.” *Harvard Business Review* 81(9): 66-74
- Devillard, Sandrine, Vivian Hunt, and Lareina Yee (2018) “Still looking for room at the top: Ten years of research on women in the workplace.” *McKinsey Quarterly* Mar.
- Drummond, Helga (2014) “Escalation of commitment: When to stay the course?” *Academy of Management Perspectives* 28(4): 430-446.
- Edmondson, Amy (1999) “Psychological safety and learning behavior in work teams.” *Administrative Science Quarterly* 44(2): 350-383.
- Festinger, Leon (1957) *A Theory of Cognitive Dissonance*. Stanford University Press.
- Gerstner, Louis V., Jr. (1973) “Can strategic planning pay off?” *McKinsey Quarterly* *Dec*.
- Gibson, Cristina B., and Julian Birkinshaw (2004) “The antecedents, consequences, and mediating role of organizational ambidexterity.” *Academy of Management Journal* 47(2): 209-226.

▶ Hamel, Gary and C. K. Prahalad (1989) "Strategic intent." *Harvard Business Review* 67(3): 63-76

▶ Herbert, Wray (2010) *On Second Thought: Outsmarting Your Mind's Hard-Wired Habits*. Crown Publishers（《小心，別讓思考抄捷徑！》）

▶ Iwatani, Naoyuki, Gordon Orr, and Brian Salsberg (2011) "Japan's globalization imperative." *McKinsey Quarterly* June: 1-11.

▶ Janis, Irving Lester (1972) *Victims of Groupthink: A Psychological Study of Foreign-Policy Decisions and Fiascoes*. Houghton Mifflin

▶ Johansson, Jonny K., and Ikujiro Nonaka (1987) "Market research the Japanese way." *Harvard Business Review* 65(3): 26-19.

▶ Kelling, George L., and James Q. Wilson (1982) "Broken windows: The police and neighborhood safety." *The Atlantic* 249(3): 29-38.

▶ Kogut, Bruce (1991) "Joint ventures and the option to expand and acquire." *Management Science* 37(1): 19-32.

▶ Lencioni, Patrick M. (2002) *The Five Dysfunctions of a Team*. Jossey-Bass.（《團隊領導的五大障礙》）

▶ Lorenzo, Rocío, Nicole Voigt, Miki Tsusaka, Matt Krentz, and Katie Abouzahr (2018) "How diverse leadership teams boost innovation." The Boston Consulting Group, Jan. 23.

- Mankins, Mchael C., and Richard Steele (2006) "Stop making plans: Start making decisions." *Harvard Business Review* 84(1): 76-84
- Markides, Constantinos C. (1997) "To diversify or not diversify." *Harvard Business Review* 75(6): 93-99.
- McGrath, Rita Gunther (2011) "Failing by design." *Harvard Business Review* 89(4):76-83
- Mintzberg, Henry (1994) "The fall and rise of strategic planning." *Harvard Business Review* 72(1): 107-114
- Montgomery, Cynthia A. (2008) "Putting leadership back into strategy." *Harvard Business Review* 86(1): 54-60
- Pfeffer, Jeffrey, and Robert I. Sutton (2006) *Hard Facts, Dangerous Half-Truths, and Total Nonsense*. Harvard Business School Publishing（《真相，傳言與胡扯》）
- Porter, Michael E. (1996) "What is strategy?" *Harvard Business Review* 74(6):61-78
- Repenning, Nelson P., and John D. Sterman (2001) "Nobody ever gets credit for fixing problems that never happened." *California Management Review* 43(4):62-88.
- Shimizu, Katsuhiko (2000) "Strategic decision change: Process and timing." Unpublished doctoral dissertation, Texas A&M University.
- ——— (2007) "Prospect theory, behavioral theory, and the threat-rigidity thesis: Combinative effects on organizational decisions to divest formerly acquired units." *The*

*Academy of Management Journal* 50(6): 1495-1514.

- ——— (2014) "Perils of quasi global mindset: Why Japanese MNEs struggle in emerging economies?" Academy of International Business Annual Meeting. Vancouver, Canada.
- ——— (2018) "In search of a last straw: An exploratory study of decision change triggers." in T. K. Das (eds.), *Behavioral Strategy for Competitive Advantage*, IAP.
- ———, and Michael A. Hitt (2004) "Strategic flexibility: Organizational preparedness to reverse ineffective strategic decisions." *Academy of Management Executive* 18(4): 44-59.
- Smith, Douglas K., and Robert C. Alexander (1988) *Fumbling the Future: How Xerox Invented, Then Ignored, the First Personal Computer*. William Morrow & Co
- Staw, Barry M., and Ha Hoang (1995) "Sunk costs in the NBA: Why draft order affects playing time and survival in professional basketball." *Administrative Science Quarterly* 40(3): 474-494.
- Stross, Randall (2012) *The Launch Pad: Inside Y Combinator, Silicon Valley's Most Exclusive School for Startups*. Portfolio（《給你10分鐘，證明世界都買單！：最厲害的新創事業學校Y孵化器如何訓練天才變老闆？：》）
- Tetlock, Philip E. (2006) *Expert Political Judgment: How Good Is It? How Can We Know?* Princeton University Press.

- Tushman, Michael L., and Charles A. O'Reilly III (1996) "Ambidextrous organizations: Managing evolutionary and revolutionary change." *California Management Review* 38(4): 8-30.
- Weick, Karl W., and Diane L. Coutu (2003) "Sense and reliability." *Harvard Business Review* 81(4): 84-90

# 機會成本

迎戰超競爭時代的高績效解方——掌握「看不見的」風險與可能性！
日本頂尖商學院熱門必修，實用度×含金量最高的 MBA 決策指南
機会損失——「見えない」リスクと可能性

作　　者　清水勝彥
譯　　者　劉格安
主　　編　林玟萱

總 編 輯　李映慧
執 行 長　陳旭華（ymal@ms14.hinet.net）

社　　長　郭重興
發行人兼出版總監　曾大福
出　　版　大牌出版／遠足文化事業股份有限公司
發　　行　遠足文化事業股份有限公司
地　　址　23141 新北市新店區民權路 108-2 號 9 樓
電　　話　+886- 2- 2218- 1417
傳　　真　+886- 2- 8667- 1851

印務經理　黃禮賢
封面設計　萬勝安
排　　版　新鑫電腦排版工作室
印　　製　成陽印刷股份有限公司
法律顧問　華洋法律事務所　蘇文生律師

定　　價　420 元
初　　版　2020 年 2 月


國家圖書館出版品預行編目資料

機會成本 / 清水勝彥 著 ; 劉格安 譯 . --
初版 . -- 新北市 : 大牌出版 , 遠足文化發行 , 2020.02
面；　公分
譯自：機会損失—「見えない」リスクと可能性

ISBN 978-986-7645-99-9 ( 平裝 )

494.1　　108020682